**名师名校名校长书系**

广东省教育科学规划课题"知行统一、三教结合,培养农村小学生良好行为习惯——青少年健康成长教育实践研究"(2017Z QJK035)项目成果

美好人生
从良好习惯的培养开始

植校东 / 著

民主与建设出版社

·北京·

© 民主与建设出版社，2019

图书在版编目（CIP）数据

美好人生从良好习惯的培养开始 / 植校东著. —北京：民主与建设出版社，2019.10
ISBN 978-7-5139-2663-8

Ⅰ.①美… Ⅱ.①植… Ⅲ.①习惯性—能力培养—少儿读物 Ⅳ.①B842.6-49

中国版本图书馆CIP数据核字（2019）第209037号

美好人生从良好习惯的培养开始
MEIHAO RENSHENG CONG LIANGHAO XIGUAN DE PEIYANG KAISHI

出 版 人	李声笑
著　　者	植校东
责任编辑	刘　芳
封面设计	姜　龙
出版发行	民主与建设出版社有限责任公司
电　　话	（010）59417747　59419778
社　　址	北京市海淀区西三环中路10号望海楼E座7层
邮　　编	100142
印　　刷	北京虎彩文化传播有限公司
版　　次	2022年6月第1版
印　　次	2022年6月第1次印刷
开　　本	710毫米×1000毫米　1/16
印　　张	10.25
字　　数	185千字
书　　号	ISBN 978-7-5139-2663-8
定　　价	45.00元

注：如有印、装质量问题，请与出版社联系。

前言

当今时代,科技进步日新月异,国际竞争日趋激烈。各国之间的竞争,归根到底是人才的竞争。人才培养应从娃娃抓起,引导他们从小明辨是非,养成良好习惯,"扣好人生第一粒扣子"。因此,深入探究当前小学生,尤其是农村小学生在行为习惯方面存在的突出问题,并在此基础上研究科学合理的解决方法和对策是十分有意义的。

现阶段,课程改革的深入发展和素质教育的进一步实施,引起了新旧教育观念的冲突,加之农村留守儿童的日益增多,农村小学的习惯教育中出现了令人担忧的问题。比如,农村小学生普遍出现了衣着随意、行为霸道、欠缺礼貌、随地扔垃圾、言行不文明、上课不认真(不专心听讲、不做笔记、不用心思考、不积极发言和学习不反思等)、作业不完成、写字不工整、课前不预习、课后不复习、课外不阅读等现象,缺乏良好的行为习惯。

从2016年起,我着手成立课题组,开始主持广东省教育科研"十三五"规划2017年度中小学教师教育科研能力提升计划项目重点课题"知行统一、三教结合,培养农村小学生良好行为习惯——青少年健康成长教育实践研究"。通过调查分析得知,影响农村小学生良好习惯形成的原因主要有以下四个方面:一是农村小学生的自身原因;二是农村家庭教育的缺失;三是农村学校德育工作相对滞后;四是社会环境对小学生成长的负面影响。

本书对当前农村小学生习惯教育中出现的一系列问题进行了较为深入且全面的剖析,编写力求内容完整,深入浅出,从知行统一、三教结合、培养习惯"六步曲"、循序渐进、培养习惯加减法等方面,对相关问题的解决对策做了

比较详尽的探讨。全书共分四章，分别是：绪论、美好人生从良好习惯开始、农村小学生习惯方面存在的突出问题和形成原因、培养农村小学生良好习惯的策略。

由于水平有限，加上撰写时间仓促，书中不妥之处在所难免，敬请读者批评指正。

植校东

2019年1月

目录

第一章
绪 论

第二章
美好人生从良好习惯开始

习惯概说 ·· 6
小学生养成良好习惯的重要性 ············· 7
小学生良好习惯养成的重点内容 ············ 20

第三章
农村小学生习惯养成方面存在的突出问题和形成原因

当前农村小学生的行为习惯现状 ············ 32
农村小学生习惯养成方面存在的突出问题 ············ 41
农村家庭教育的缺失 ············ 49
农村学校德育工作相对滞后 ············ 52
社会环境对小学生成长的负面影响 ············ 55

第四章
培养农村小学生良好习惯的策略

  知行统一 ·· 58
  三教结合 ·· 61
  培养习惯"六步曲" ·· 77
  循序渐进 ·· 83
  培养习惯加减法 ··· 85

附 录 ··· 86
参考文献 ·· 154

第一章

绪 论

当今时代，科技进步日新月异，国际竞争日趋激烈。各国之间的竞争，归根到底是人才的竞争，是民族创新能力的竞争。人才的培养成了世界各国的当务之急。

中国有句俗语：三岁看大，七岁看老。人才培养应从娃娃抓起，抓好小学生的思想品德教育，引导他们从小明辨是非，养成良好习惯，不仅可以为他们的全面健康发展打下良好的基础，而且还可以为他们以后世界观、人生观、价值观的形成以及人格品质的完善做好铺垫。

习惯是在长时期里逐渐养成的、一时不容易改变的行为、倾向或社会风尚；或是常常接触某种新的情况而逐渐适应的行为、活动。依据习惯对于人的健康成长的价值和作用，可以分为良好习惯和不良习惯。

有关研究表明，一个人除了机遇和才华之外，习惯对其人生的影响是显而易见的。成功者和失败者之间很大的不同，就在于习惯的不同。良好习惯是一个人取得成功的钥匙，使人终身受益；不良习惯是一个人通向失败的天梯，甚至可能会毁掉人的一生。良好习惯是美好人生的基石，是人生成功的钥匙，是一个人乃至一个国家文明的体现，是培养社会主义事业建设者和接班人的基本要求。

小学生所要养成的良好习惯主要归纳为学习习惯、生活习惯、交友习惯、健康习惯、行为习惯、其他习惯，共六大方面。

现阶段，课程改革的深入发展和素质教育的进一步实施，引起了新旧教育观念的冲突，加之农村留守儿童的日益增多，农村小学的习惯教育中出现了令人担忧的问题。比如，农村小学生普遍出现了衣着随意、行为霸道、欠缺礼貌、随地扔垃圾、言行不文明、上课不认真（不专心听讲、不做笔记、不用心思考、不积极发言和学习不反思等）、作业不完成、写字不工整、课前不预习、课后不复习、课外不阅读等现象，缺乏良好行为习惯等。

从2016年起，我着手成立课题组，开始主持广东省教育科研"十三五"规划2017年度中小学教师教育科研能力提升计划项目重点课题《知行统一、三教结合，培养农村小学生良好行为习惯——青少年健康成长教育实践研究》。通过调查分析得知，影响农村小学生良好习惯形成的原因主要有以下四个方面。

一是农村小学生的自身原因，如部分农村小学生的基本道德素养缺失、心理素质不佳、人际关系不畅等，都制约其高尚道德的追求与良好习惯的形成。

二是农村家庭教育的缺失，如：家庭教育存在重智育、轻德育的偏差，尤其是大部分农村家长缺乏家庭教育的责任心；农村家长缺乏统一的是非标准，学生无所适从，导致其行为有偏差；农村家长的沟通方式不当，家庭教育效果不理想；单亲家庭造成学生人格的缺陷，阻碍其良好习惯的形成；农村留守学生缺乏监管，日积月累形成陋习。

三是农村学校德育工作相对滞后，如：农村学校德育工作缺乏对教师的师德教育；农村学校德育工作内容缺乏针对性；农村学校对家庭、社会的教育重视不够，学生知行不一。

四是社会环境对农村小学生成长的负面影响，如图书市场监管不严、网络传播不良信息、市场经济环境的逐利与不良竞争等，都制约着小学生良好习惯的形成。

著名作家巴金说："孩子成功教育从好习惯培养开始。"

知是行的基础，行是知的目的和归宿。对学生进行良好习惯培养教育，必须把认知教育与实践锻炼结合起来。通过思想品德课、班会课、少先队中队课、各学科教学、专题教育活动以及各种实践活动，培养学生树立言行一致、实事求是的思想作风、学习作风，工作作风和生活作风，引导学生把课堂上获得的思想认识、道德观点和理想信念等转化成为自我需要和自觉行动。在日常检查和评定学生的思想品德时，既要听其言，更要观其行。

"三教"指学校教育、家庭教育和社会教育。《人民教育》杂志社总编、中国家庭教育学会副会长傅国亮认为，"学校教育、家庭教育和社会教育共同构成了现代教育的主要内容，也叫作大教育观。现代教育观要强调学校教育、家庭教育和社会教育的紧密结合，否则就是不完全的教育。"学校作为国家委托的专门育人的机构，在三教结合中要充分发挥主导、协调、沟通、联动的纽带作用，要整合各方教育力量，共同营造一个良好的育人环境。

同时，学校教育是一个系统的育人工程，对学生的习惯教育要从改革内容，创新模式；常规教育，点滴做起；学科渗透，养成无痕；示范教育，榜样引领；顶层设计，系统引领等多种途径，考虑所有的育人因素，充分发挥环境育人、课程育人、活动育人、全员育人的功效。

家庭是人生的第一所学校，家长是学生的第一任教师。家庭教育主要以言传身教、情境影响为主，比学校教育、社会教育更具有感染性和潜移默化的优势，起着不可替代的作用。因此，家庭要营造良好的受教育环境和成长条件。要通过加强家校结合，达到优势互补。要在习惯教育中注意榜样示范，营造氛

围，以理服人，从而引导小学生形成良好的道德品质和行为习惯。

社会是未成年人受教育、成才的大学校和大环境。和谐健康的外部环境对于小学生至关重要。古语云："学坏三天，学好三年。"所以，培养小学生良好习惯要发挥"五老"志愿者作用，发挥校外教育基地效能，要净化文化市场，加强网络监管和引导，给小学生带来更多的正能量，引导他们健康地成长和发展。

人类对任何事物的认识都要经历"实践、认识、再实践、再认识"循环往复的过程。而从实践到认识的每一次循环，都达到了比较高一级的程度。同样道理，学生良好习惯的养成也要经历这种"实践、认识、再实践、再认识"的过程，并不是一蹴而就的。因此，培养小学生的良好习惯，一般来说要经历强意识、定规范、树榜样、持久练、及时评、造环境这"六步曲"，并遵循循序渐进的原则，培养好习惯用加法，改正坏习惯用减法。

第二章

美好人生从良好习惯开始

习近平总书记在不同场合多次强调:"教师的重要,就在于教师工作是塑造灵魂、塑造生命、塑造人的工作。""百年大计,教育为本。教师是立教之本、兴教之源,承担着让每名学生健康成长、办好人民满意教育的重任。希望全国广大教师牢固树立中国特色社会主义理想信念,带头践行社会主义核心价值观,自觉增强立德树人、教书育人的荣誉感和责任感,学为人师,行为世范,做学生健康成长的指导者和引路人……""坚持中国特色社会主义教育发展道路,培养德智体美劳全面发展的社会主义建设者和接班人。""要抓住青少年价值观形成和确定的关键时期,引导青少年扣好人生第一粒扣子。"

由此可见:立德树人是教育的首要任务,良好的道德品质是一名社会主义事业建设者和接班人所必须具备的。因此,对小学生的教育,必须把思想品德教育放在第一位。毛泽东同志曾明确地把德育放在德、智、体三育中的首要位置,认为要培养德智体美劳全面发展的人才,德育是最为核心的内容。

中国有句俗语:三岁看大,七岁看老。德育工作应从娃娃抓起,抓好小学生的思想品德教育,引导他们从小明辨是非,养成良好习惯,不仅可以为他们的全面健康发展打下良好的基础,而且还可以为他们以后世界观、人生观、价值观的形成及人格品质的完善做好铺垫。

习惯概说

习惯到底是什么？

心理学的解释：习惯是刺激与反应之间的稳固联结。

《现代汉语词典》的解释：习惯是在长时期里逐渐养成的、一时不容易改变的行为、倾向或社会风尚；或是常常接触某种新的情况而逐渐适应的行为、活动。

通俗地讲，习惯是生活中反复做的动作或事情，但是在大部分的情况下，我们根本没意识到，是一种不自觉的、潜意识的行为或反映。例如，饭前洗手、饭后漱口、离屋关门关灯、过马路走人行横道……

可见，习惯是一个人无须意志执行的、自动化的行为，很少需要个人的意志努力，甚至是一种无意识的、自然触发和维持的长期反复出现的、相对稳定的行为。

习惯有可能是有意练习养成的结果，如拾金不昧、尊老爱幼、书写工整、文明有礼、遵守秩序；也有可能是无意的、多次重复的结果，如大家熟悉的《狼来了》的故事。

从前，有个放羊娃，每天都去山上放羊。

一天，他觉得十分无聊，就想出了一个自以为有趣的、捉弄大家、自己寻开心的主意。他向着山下正在种田的大人们大声喊："狼来了！狼来了！救命啊！"大人们听到喊声，急忙拿着锄头和镰刀往山上跑。他们边跑边喊："不要怕，孩子，我们来帮你打恶狼！"

大人们气喘吁吁地赶到山上一看，连一只狼的影子也没看见！放羊娃哈哈大笑："哈哈哈！真有意思，你们上当了！"大人们听了生气地走了。

第二天，放羊娃故伎重演。善良的人们以为狼真的来了，又冲上去帮他打狼，可还是没有见到狼的影子。

放羊娃笑得直不起腰："哈哈！你们又上当了！哈哈！"

大伙儿对放羊娃一而再、再而三地说谎十分生气，从此再也不相信他的话了。

过了几天，狼真的来了，一下子闯进了羊群。放羊娃害怕极了，拼命地向山下地里忙活的大人们喊："狼来了！狼来了！快救命呀！狼真的来了！"

人们听到他的喊声，以为他又在说谎，都不理睬他，没有人去帮他。结果，放羊娃的许多羊都被狼咬死了。

故事中的放羊娃因一时无聊，想寻开心而第一次撒了谎，觉得开心，便故伎重演再次撒谎，在不知不觉之间就形成了撒谎的习惯；大人们连续两次上当受骗，在潜意识里也形成了一个思维习惯：这个孩子不可信！最终，放羊娃的许多羊都被狼咬死了。

还有一种情形，反复的行为强化和对某些行为的模仿都有可能形成习惯。例如，经常模仿口吃的人，有可能养成口吃的习惯，有许多学生的口吃就是模仿的结果。

小学生养成良好习惯的重要性

有关研究表明，一个人除了机遇和才华之外，习惯对其人生的影响是显而易见的。成功者和失败者之间唯一的不同，就在于习惯的不同。良好习惯是一个人取得成功的钥匙，使人终身受益；不良习惯是一个人通向失败的天梯，甚至可能会毁掉人的一生。

一、习惯的力量有多大

正所谓行为决定习惯，任何一种行为只要不断地重复，就会逐渐成为一种习惯。同样的道理，任何一种思想、观点只要不断地重复，也会慢慢地成为一种习惯，进而影响人的潜意识，在不知不觉中左右着人的决断、选择，改变着人的行为。英国哲学家艾蒙斯有句名言："习惯若不是最好的仆人，它便是最坏的主人。"法国启蒙思想家、哲学家卢梭在《爱弥儿》一书中指出："在儿童时期没有养成思想的习惯，将使他从此以后一生都没有思想的能力。"

那么，习惯的力量到底有多大？我们先听听学者金泉在《好习惯好人生》

中讲的两个故事。

一天,这个"足球之乡"的一幢居民楼突然发生了一场大火。刹那间,火势汹涌,翻滚的浓烟裹挟着通红的火舌,眼看就要吞噬整幢大楼。

就在这时,楼下惊恐的人们猛然发现浓烟遮盖的一个四层阳台上,被困着一位年轻的母亲。母亲怀抱着一个婴儿,正焦急万分,不知如何是好。

大火开始向阳台逼近,越来越危及母子的安危。就在这千钧一发之际,人群中有人大喊起来。原来,有人发现,一位著名的足球门将正好在场。于是,人们齐声大喊着让那位母亲快把那婴儿扔下来,扔给那位门将,并自动闪开了一条通道。

情急中,那位母亲看到了那位她十分熟悉的门将。于是,她毫不犹豫地把自己的婴儿向他扔去。那门将见婴儿从半空中朝自己飞来,一个箭步扑过去,把那婴儿稳稳地接在自己的手中。

全场人顿时松了一口气,随即爆发出一片欢呼声。但接下来的一幕却让所有的人始料未及:只见这位门将接过婴儿后,顺势把手中的婴儿向上一抛,随即便对准婴儿,在全场人的一片惊呼声中,飞起一脚踢了出去。

故事的结局似乎有些不尽如人意。下面,这个故事也许能让你的心情明快起来。

一位上尉退伍了,他经历过很多战争并得过很多勋章。回到城里后,他的朋友就给他张罗着介绍女友。这天,朋友又给他介绍了一个,女孩同意了见面的要求。

在上尉出门之前,朋友给了他一些的忠告:"你在战场上或许很在行,但爱情这件事你要听我的。第一,下车后你要替你的女友开门;第二,女友要入座时,你应在她后面帮她拉椅子;第三,她说话时你要温柔地看着她;第四,她需要什么东西你一定要抢先做好,不要让她动手。如果这些都能做到,那你十之八九能得到她的芳心。"

第二天,朋友打电话问上尉昨晚进展如何。他沮丧地说:"我没有希望了!"朋友问他:"你是不是忘了替她开车门?"他说:"不,我替她开了车门,她很高兴!"朋友又问:"你是不是忘了帮她入座?"他说:"不,我帮她入座了,她说我是绅士!"

朋友迷惑了:"你是不是在她说话的时候东张西望?"他说:"不,我一直看着她。她说我很温柔,并且称赞我的眼睛很有魅力!"

最后,朋友问:"那你是不是在某件事上让她自己动手了?"他沮丧地说:"如果真是这样就好了。回家时,她说口渴,于是我就跑去替她买饮料。"朋友说:"那很好呀!"

"可是,"他犹豫了一会儿,说,"出于多年的习惯,我一拉开饮料罐就向她砸了过去,自己躲到了墙壁后面……"①

如果说宇宙间最大的力量是惯性的力量,那么,对于个人而言,最大的力量便是习惯的力量。英国教育家洛克说过:"习惯一旦养成之后,便用不着借助记忆,很容易、很自然地就能发生作用了。"我们看到,在习惯的驱使下,足球门将把飞身扑救到的婴儿当作足球踢了出去;而退伍上尉则把拉开的饮料罐当作冒着烟的手榴弹向女友砸了过去,从而错失了已经到手的姻缘。这些虽然都是极端的个案,但由此可见习惯力量的根深蒂固。

二、习惯的重要,古今中外皆有共识

著名思想家、教育家孔子曾经说过:"少成若天性,习惯成自然。"意思是,一个人小时候养成的习惯就像人的天性一样自然、牢固,甚至就变成天性了,以至于以后所取得的成功、所创造的奇迹,很多方面都是由小时候所养成的良好习惯所支配的。

著名教育家叶圣陶说过:"什么是教育?简单一句话,就是要养成良好习惯。德育方面,要养成待人处事和对待工作的良好习惯;智育方面,要养成寻求知识和熟习技能的良好习惯;体育方面,要养成保护并促进身体健康的良好习惯。我们社会主义社会的教育,就是要培养学生在社会主义社会里生活的一切良好习惯。"

英国著名哲学家培根也说过:"习惯真是一种顽强而巨大的力量,它可以主宰人生。因此,人自幼就应该通过完善的教育,去建立一种良好的习惯。""毫无疑问,幼年时期开始的习惯是最完善的,我们称之为教育。教育其实是一种早期的习惯。"

著名作家巴金也认为:"孩子成功教育从好习惯培养开始。"他在接受记者有关写作专访时谈到,"我其实没有什么秘诀,只是从小喜欢看书,喜欢背书。每当写作的时候,以前看过的那些书中的句子和词语便从脑海里跳出来。"

---

① 金泉.《好习惯好人生》.中国华侨出版社,2009年版,第3-4页.

古希腊著名哲学家、思想家和教育家亚里士多德说:"优秀是一种习惯。"

世界巨富沃伦·巴菲特和比尔·盖茨有一次应邀到美国华盛顿大学演讲。在互动时有学生提问:"你们怎么变得比上帝还富有呢?"巴菲特说:"这个问题很简单,原因不在于智商。为什么聪明人有时会做一些阻碍自己发挥全部功效的事情呢?原因就在于性格、习惯和脾气。"

三、良好习惯是人生成长的基石

我国九年义务教育全日制小学阶段德育的培养目标是:"初步具有爱祖国、爱人民、爱劳动、爱科学、爱社会主义的思想感情,初步养成关心他人、关心集体、认真负责、诚实、勤俭、勇敢、正直、合群、活泼向上等良好品德和个性品质,养成讲文明、讲礼貌、守纪律的行为习惯,初步具有自我管理以及分辨是非的能力。"以上有关三个"初步"的规定,明确揭示了小学思想品德教育中良好习惯的养成教育对我国社会主义精神文明建设,乃至培养社会主义事业建设者和接班人具有重要的奠基地位。

有人说:"性格其实就是习惯的总和,就是你习惯的表现。"习惯是由一个人行为的累积定型,它决定人的性格,进而成为决定人生发展的重要因素。

有一年,全世界的诺贝尔奖获奖者在巴黎集会。有记者采访一位白发苍苍的老科学家:"请问您是在哪所大学、哪个实验室里学到了您认为最主要的东西呢?"

这位白发苍苍的老科学家平静地回答:"是在幼儿园。"

记者非常惊讶:"您在幼儿园学到哪些知识呢?"

老科学家继续平静地说道:"在幼儿园里,我学会了把自己的东西分一半给小伙伴们;不是自己的东西不要拿;用过的东西要放回原位并摆放整齐;吃饭前要洗手;午饭后要休息;做错了事情要表示歉意;要仔细观察周围的大自然……从根本上说,我学到的全部东西就是这些了。"

老科学家的回答是耐人寻味的。幼儿园时学到的人生最基础的生活常识、行为品质……直到老年时还记忆犹新,可见留下的印象是难以磨灭的。这说明从小养成的良好习惯会伴随人的一生,而且时时处处都在起重要作用。

科学大师爱因斯坦曾一语中的地指出:"什么是教育?当你把受过的教育都忘记了,剩下的就是教育。"真正的教育是忘不掉的。比如,一个人遇到事情的时候，不可能说"等我想想老师课堂上怎么教的，课本是怎么写的……"这肯定不行，忘不掉的才是真正的素质。什么是忘不掉的？习惯就是忘不掉的。

有关研究表明，小学阶段是培养道德行为习惯的最佳时期，尤其3—12岁是形成良好习惯的关键时期。小学生道德行为习惯的发展水平呈"马鞍"型，低年级和高年级较高，中年级较低。低年级学生的道德行为处于一种依附性很强的"家长和教师权威"阶段，其行为具有不稳定性，可塑性最大，容易接受家长、教师的引导和行为训练；随着学生独立性和自觉性的发展，中年级学生可能因破坏了原有的道德行为习惯而导致行为习惯水平下降；到了高年级，学生的道德行为开始具有一定的自觉性和稳定性。12岁以后，学生已经形成很多习惯，由于旧习惯的抵抗和干扰，要想让新习惯在学生身上扎根就比较困难了。[①]

据说，英国前首相丘吉尔小时候曾患有口吃的毛病。长到3岁，他说"妈妈""爸爸"都非常吃力。有一次，课堂上回答问题时，丘吉尔又因口吃受到了同学的嘲笑。愤怒过后，丘吉尔暗暗发誓立志要成为一名演讲家。家长和保姆听完他的想法后，建议他先养成一个好习惯，用好习惯来塑造自己的人格魅力。从此以后，丘吉尔每天一有时间就对着墙上的大镜子练习说话。正是由于这种坚持，他最终成了英国历史上最伟大的演说家。在第二次世界大战时，丘吉尔顽强不屈地带领英国人民抵抗纳粹者的侵略，直至取得最后的胜利。

可见，良好习惯是人生成长的基石，是人生命运的主宰，是人生成功的轨道，是一个人终生的财富。只有从小养成好习惯，我们才能推动自己在人生的道路上披荆斩棘，勇往直前，使自己终身受益。

四、良好习惯是人生成功的钥匙

美国心理学家威廉·詹姆士说："播下一个行动，收获一种习惯；播下一种习惯，收获一种性格；播下一种性格，收获一种命运。"这就是说，习惯决定一个人的命运。习惯一旦养成，就会成为一种潜移默化的力量，对人的身体、思维和行为产生各种各样的影响，或影响人的身体健康，或影响人的思维发展，或影响人的价值取向，或影响人的言行举止……习惯反映着一个人的思想品质、道德修养、精神境界与综合素质，在很大程度上决定着一个人的工作效率和生活质量，从而影响其一生的成功与幸福。

---

① 孙云晓.《好习惯成就好人生》.江苏凤凰教育出版社，2016年版，第13页.

请看下面这个案例。

一次，某大公司招聘员工，要求严格但待遇优厚。一些名牌大学毕业生过五关斩六将，几乎就要如愿以偿了。最后一关面试由总经理亲自主考。总经理匆匆进来后对众年轻人表示歉意地说："各位，非常对不起，我有点急事要处理，麻烦大家等我10分钟。"总经理走后，踌躇满志的年轻人们见无事可做，便围住了老板的大办公桌，这里翻翻文件，那里看看书籍来信，没有一个人闲着。10分钟后，总经理回来了，宣布说："各位，面试已经结束。很遗憾，你们都没有被录取。"

众人迷惑不解："老总，面试还没开始呢。"总经理说："我不在办公室的这段时间里你们的表现，就是这次面试题。本公司不能录取随便翻阅别人东西的人。"年轻人们全呆了。他们从小到大，包括教师、家长，都没有任何人告诉过他们这一行为常识，更谈不上良好习惯的养成了。

再看2016年12月20日的《新闻早餐》公众号上的一个故事《小聪明毁了前程》。

有个女孩刚毕业就去了法国，开始了半工半读的留学生活。渐渐地，她发现当地的公共交通系统的售票处是自助的，也就是你想到哪个地方，根据目的地自行买票，车站几乎都是开放式的，不设检票口，也没有检票员，甚至连随机性的抽查都非常少。

她发现了这个管理上的漏洞，或者说以她的思维方式看来是漏洞。凭着自己的聪明劲儿，她精确地估算了这样一个概率：逃票而被查到的比例大约仅为万分之三。

她为自己的这个发现而沾沾自喜。从此之后，她便经常逃票上车。她还找到了一个宽慰自己的理由：自己还是穷学生嘛，能省一点是一点。

四年过去了，名牌大学的金字招牌和优秀的学业成绩让她充满信心。她开始频频地进入巴黎一些跨国公司的大门，踌躇满志地推销自己。但这些公司都是先热情有加，然而数日之后，却又都是婉言相拒。一次次的失败，使她愤怒。她想，一定是这些公司有种族歧视的倾向，排斥外国人。

最后一次，她冲进了某公司人力资源部经理的办公室，要求经理对于不予录用她给出个合理的理由。然而，结局却是她始料不及的。下面的一段对话很令人回味。

"女士，我们并不是歧视你，相反，我们很重视你。你一来求职的时候，我们对你的教育背景和学术水平都很感兴趣。老实说，从工作能力上，你就是我们所要找的人。"

"那为什么不录用我为贵公司所用？"

"因为我们查了你的信用记录，发现你有三次乘公交车逃票被处罚的记录。"

"我不否认这个。但为了这点小事，你们就放弃了一个多次在学报上发表过论文的人才？"

"小事？我们并不认为这是小事。我们注意到，第一次逃票是在你来我们国家后的第一个星期，检查人员相信了你的解释，因为你说自己还不熟悉自助售票系统，只是给你补了票。但在这之后，你又两次逃票。"

"那时，我口袋中刚好没有零钱。"

"不、不，女士。我不同意你这种解释，你在怀疑我的智商。我相信在被查获前，你可能有数百次逃票的经历。"

"那也罪不至死吧？干吗那么认真？以后改还不行吗？"

"不、不，女士。此事证明了两点：第一，你不尊重规则。你擅于发现规则中的漏洞并恶意使用。第二，你不值得信任。而我们公司许多工作是必须依靠信任进行的，因为如果你负责了某个地区的市场开发，公司将赋予你许多职权。为了节约成本，我们没有办法设置复杂的监督机构，正如我们的公共交通系统一样。所以，我们没有办法雇用你，可以确切地说，在这个国家甚至整个欧盟，你可能找不到雇用你的公司。"

直到此时，她才如梦方醒、懊悔难当。然而，真正让她产生一语惊心之感的，却是对方最后的一句话："道德常常能弥补智慧的缺陷，然而智慧却永远填补不了道德的空白"。

道德是一个人最基本的素质，也就是一个人的人格。一个人无论多优秀，如果人格出现了问题，都会失去信任和支持。职场上，这种丧失人格的行为就更为可怕。如果为了眼前的一点小利益而做出破坏体制的行为，绝对是对一个人职业生涯的葬送。职场要凭本事和真心，输什么也别输人品。

与上述的例子相反，良好习惯常常助人获得意想不到的成功。

一家大型企业招聘员工，应聘者甚众。他们纷至沓来，匆匆走进接待室，静候开考。先来的很多人都对一把倒在接待室门口的扫帚视而不见，只有一位后来的年轻人迈进门口时弯腰随手扶起了扫帚，把它靠在墙边，然后才走进了接待室。这时，主考官马上宣布考试结果，那个年轻人被录取了。

应聘者面面相觑，不解其意。这时，主考官微笑着说："考题在你们进门以前我已经出好了，就是这把倒地的扫帚。你们都从它上面跨了过去并且视而不见，所以就交了白卷，只有这位年轻人扶起了它，所以他理所当然就是我们要录取的人了。"

看了这个故事，你也许会说，这样的招聘太片面了吧？从这件事能看出一个人的能力和水平吗？毫无疑问，这位年轻人是幸运的，可他的幸运是偶然的吗？在这看似偶然的、无意识的一个举动中，却表现出一种良好的行为习惯，表现出一个人内心的修养或优良品质。试问：一个平时只会夸夸其谈，不愿埋头苦干的人会愿意做这种小事吗？一个平时懒惰成性，干什么都拖拖拉拉的人，会愿意做这种小事吗？一个平时从不关心别人，心中没有集体的人，会愿意做这种小事吗？"不积跬步，无以至千里；不积小流，无以成江海。"一个人所获得的荣誉、所赢得的声望、所取得的成绩，哪一点不是从日常生活与工作中的小事一点一滴、辛辛苦苦积累的结果呢？那种只见森林、不见树木的人，在自命不凡、抱怨不公的同时，也往往会产生一种失落感，因为这样的人似乎永远都在寻找成功的捷径，但又永远都没有办法知道实现目标应该从何入手。而这样的人往往正是用人单位招聘时所要想方设法过滤、剔除的。扶与不扶扫帚，一个细小的动作，却决定了一个人的命运！

美国标准石油公司曾经有位叫阿基勃特的部门经理，他在出差住旅馆的时候，总是在自己签名的下方，写上"每桶4美元的标准石油"字样，在书信及收据上也不例外，签了姓名一定写那几个字。因此，他被其他的部门经理叫做"每桶4美元"，以此来嘲笑他。在他们眼中，阿基勃特简直就是一个傻瓜。他们认为，那些小事情是不值得一个管理者去做的。

公司董事长洛克菲勒知道这件事后说："竟有人如此努力宣扬公司的声誉，我要见见他。"于是，他邀请阿基勃特共进晚餐。后来，洛克菲勒卸任，阿基勃特成了第二任董事长。

在签名的时候签上"每桶4美元的标准石油"，这是一件小事，而且这件小事也不在阿基勃特的工作范围之内，但阿基勃特做了，并坚持把这件小事做到了极致。那些嘲笑他的人，肯定有不少人才华、能力在他之上，可到最后，只有他成了董事长。①

---

① 金泉.《好习惯好人生》.中国华侨出版社，2009年版，第74页.

再看一个经典故事。

1992年，某个周四的下午，比尔·盖茨在纽约的一所小学做了一场励志演讲。临走时，盖茨表示，自己会在以后的某个周四的下午再次来学校看望大家，到时如果发现谁的课桌收拾得最整洁，谁就将有机会获得他免费赠送的一台个人电脑。电脑在当时还是非常昂贵和稀有的，大家自然都希望得到。

因此，当盖茨走后，每逢周四的下午，大家都会不约而同地将课桌收拾得整整齐齐，但在其他时间则不愿意收拾。有一名学生却觉得盖茨有可能会在周四的上午就来，于是每个周四的上午他就开始收拾课桌。

之后，他又觉得，盖茨也许会在周四之外的其他日子里突然来访，于是他又决定每天都要收拾一次课桌。可是，每次收拾后不久，桌子便乱了。他想，如果这个时候盖茨恰巧来了，那么自己之前付出的劳动和坚持岂不是白费了。为此，他又决定，必须要让自己的课桌时刻都保持整洁，这样就万无一失了。

可遗憾的是，盖茨此后却一直也没能再来。其他学生早就忘记了要继续收拾课桌，但这名学生却因此养成了一个随时保持整洁的习惯，并且从此学会了做事要有条理性和坚持性。

多年后，他终于再次见到了盖茨。这次见面，盖茨并不是为了兑现当年的承诺——送他一台电脑，而是来送给他一件更大的礼物——用24亿美元购买他公司16%的股权。

他，就是创立了世界第一社交网站Facebook（脸谱网）的马克·扎克伯格。[1]

类似的故事数不胜数，它告诉我们，从小培养起来的良好习惯，将会影响一个人的一生，每坚持下来一步就意味着向成功迈进了一步。

当然，一些根深蒂固的习惯，无论好或不好，几乎都跟教育有关，可是我们却常常忽略了这些问题。很多家长，尤其是农村的家长过于重视学生的学习成绩，却往往忽略了思想道德的教育和良好行为习惯的培养。实际上，从一个人终身发展的角度看，养成良好的习惯要比考取高分数更重要。

五、良好习惯是一个人乃至一个国家文明的体现

古希腊哲学家苏格拉底认为："好习惯是一个人在社交场中穿着的最佳

---

[1] 孙云晓.《习惯决定孩子一生》.北京师范大学出版社，2013年版，第30页.

服饰。"

根据世界旅游组织网公布的一组数据显示：2010年，中国出境人数已达5000万人次，而到了2018年上半年，更是达到7131万人次。国家旅游局前局长邵琪伟说，如此众多的中国公民出境旅游，应当把中华文明传播到世界各地。中国是文明古国，有着五千年的文明传统，有着"谦谦君子，礼仪之邦"的美誉。多少年来，我们虽然贫穷一点，但行为举止的口碑还是不错的。

可是，不知从什么时候起，中国人不再被世人称赞为文明礼仪之人了。尤其是刚富裕起来的一部分中国人，昂首挺胸走出国门，周游世界。国际友人突然发现，来自这个文明古国的游客们有点不可理喻。于是，在屡次的口头提醒无果之后，便在提醒一些不雅行为的标语上，不约而同地用中文写着"不要随地乱扔垃圾""请勿随地吐痰""请勿写字""便后请冲水""中国人，请勿高声喧哗"……委实让炎黄子孙蒙羞。

国际著名影星成龙曾说过，一次，在国外的街头，他把地上的垃圾捡起来，一对老年夫妇看见他这一举动走过来道谢，却误以为他是日本人。

"中国式"行为已深深地刺痛着国人，尤其刺激着我们广大教育工作者的神经，更引起广大有识之士的深刻反思。中国人的"不拘小节"也终于引起了广泛的关注。

为什么我们的国人会乱写乱画？以至于国内外很多著名景点的建筑上都留下中国人的痕迹："某某到此一游"。

为什么我们的国人会随地丢垃圾？以至于国庆黄金周过后，海南一处三公里的沙滩上会留下五十吨垃圾，甚至一些国外景点的告示牌上也用中文写着："不可随地丢垃圾"！

为什么我们的国人在红绿灯前会集体"近视"，只要凑够一拨人就可以过马路？

为什么会发生中国大妈在国外的街头大小便如此不雅之事？

毋庸置疑，这些有损国人形象的行为皆因这些人从小没有养成良好的生活习惯、行为习惯。

正因如此，在2003年全国人民代表大会和中国人民政治协商会议上，两会代表为中国公民出境后的不文明行为进行"会诊"，并引发全国上下的热议。很多有识之士又纷纷呼吁从国家到地方各有关部门，针对游客的各种不文明行为，加大宣传教育与督促引导力度，在全社会大力倡导"保护文物，文明参观""文明出行"。

中央文明办联合国家旅游局，于2006年10月1日公布了《中国公民出境旅游文明行为指南》。

中国公民，出境旅游，注重礼仪，保持尊严。
讲究卫生，爱护环境；衣着得体，请勿喧哗。
尊老爱幼，助人为乐；女士优先，礼貌谦让。
出行办事，遵守时间；排队有序，不越黄线。
文明住宿，不损用品；安静用餐，请勿浪费。
健康娱乐，有益身心；赌博色情，坚决拒绝。
参观游览，遵守规定；习俗禁忌，切勿冒犯。
遇有疑难，咨询领馆；文明出行，一路平安。

2006年10月2日又公布了《中国公民国内旅游文明行为公约》。

做文明游客是我们大家的义务，请遵守以下公约：

1. 维护环境卫生

不随地吐痰和口香糖，不乱扔废弃物，不在禁烟场所吸烟。

2. 遵守公共秩序

不喧哗吵闹，排队遵守秩序，不并行挡道，不在公众场所高声交谈。

3. 保护生态环境

不踩踏绿地，不摘折花木和果实，不追捉、投打、乱喂动物。

4. 保护文物古迹

不在文物古迹上涂刻，不攀爬触摸文物，拍照摄像遵守规定。

5. 爱惜公共设施

不污损客房用品，不损坏公用设施，不贪占小便宜，节约用水用电，用餐不浪费。

6. 尊重别人权利

不强行和外宾合影，不对着别人打喷嚏，不长期占用公共设施，尊重服务人员的劳动，尊重各民族宗教习俗。

7. 讲究以礼待人

衣着整洁得体，不在公共场所袒胸赤膊，礼让老幼病残，礼让女士，不讲粗话。

8. 提倡健康娱乐

抵制封建迷信活动,拒绝黄、赌、毒。

《中国公民出境旅游文明行为指南》和《中国公民国内旅游文明行为公约》的出台旨在通过长期的宣传教育、惩罚奖励、规范约束等方式和途径,使国民的旅游文明素质有一个质的转变。

细节折射文明,文明反映教育。文明,并非是不可触摸的上层建筑。文明就在每个人身边,一举手、一投足都是一个人乃至一个国家文明的体现。只有人变文明了,一个城市、一个国家才称得上是真正的文明之城、文明之国。

六、良好习惯是培养社会主义接班人的基本要求

2013年10月23日,习近平总书记在会见清华大学经济管理学院顾问委员会海外委员时讲话中强调:"科教兴国已成为中国的基本国策。我们将秉持科技是第一生产力、人才是第一资源的理念,兼收并蓄,吸取国际先进经验,推进教育改革,提高教育质量,培养更多、更高素质的人才,同时为各类人才发挥作用、施展才华提供更加广阔的天地。"

什么叫人才?著名教育专家吕型伟先生说得非常深刻,他认为:人才是由"人"和"才"两个字组成的,"人"和"才"并没有必然的联系。因为有的人不但是"人"而且又有"才",就是人才;有的人虽然是"人"但没有"才",不能叫人才;有的人虽有"才"但不是"人",这种人更不能叫人才。我们当然希望两者统一,希望是"人才",但如果要两者选择一样的话,一个人可以是"人"没有"才",也不能有"才"不是"人"。越是有"才"不是"人"的人,危害越大。所以,人才先要成"人",其次是成"才"。

当前,我们经常能看到很多家长关心最多的还是学生的学业,为其升学考试乐此不疲地操劳,而对他们的思想品德、健康人格、良好习惯的培养漠不关心。一个有健康人格、良好习惯的人,才是走遍天下都可以让人放心的人;一个人格不健康、没有好习惯的人,表面上再强大,也可能随时崩溃、失败。

2004年2月26日,中共中央颁布的《中共中央国务院关于进一步加强和改进未成年人思想道德建设的若干意见》提出:"从规范行为习惯做起,培养良好的道德品质和文明行为是未成年人思想道德建设的主要任务。"《国家中长期教育改革和发展规划纲要(2010-2020年)》指出:"注重品行培养,激发学习兴趣,培育健康体魄,养成良好习惯。""充分发挥家庭教育在青少年成长过

程中的重要作用，帮助子女养成良好习惯，促进学生健康成长。"

教育的本质是培养人，这是古今中外的共同认识。人无德不立，国无德不兴。党的十八大以来，以习近平总书记为核心的党中央，始终把立德树人作为学校教育的根本任务。立德树人揭示了德育在学生的全面发展中的突出地位，强调促进学生的德行成长是教育的首要任务和学生全面发展的根本保障。习近平总书记在坚持立德树人，丰富、完善和发展党的教育方针方面提出了一系列新思想、新主张。

2014年5月4日，习近平总书记在北京大学考察时指出，青年的价值取向决定了未来整个社会的价值取向，而青年又处在价值观形成和确立的时期，抓好这一时期的价值观养成十分重要。这就像穿衣服扣扣子一样，如果第一粒扣子扣错了，剩余的扣子都会扣错。人生的扣子从一开始就要扣好。核心价值观的养成绝非一日之功，要坚持由易到难、由近及远，努力把核心价值观的要求变成日常的行为准则，进而形成自觉奉行的信念理念。

2014年6月1日，习近平总书记在会见中国少年先锋队第七次全国代表大会代表时寄语全国各族少年儿童：从小学习做人、从小学习立志、从小学习创造，强调童年是人的一生中最宝贵的时期，在这个时期就注意树立正确的人生目标，培养好思想、好品行、好习惯。"今天做祖国的好儿童，明天做祖国的建设者，美好的生活属于你们，美丽的中国梦属于你们。"

2018年9月10日，习近平总书记在全国教育大会上强调："培养什么人，是教育的首要问题。我国是中国共产党领导的社会主义国家，这就决定了我们的教育必须把培养社会主义建设者和接班人作为根本任务，培养一代又一代拥护中国共产党领导和我国社会主义制度、立志为中国特色社会主义奋斗终身的有用人才。""要在坚定理想信念上下功夫"，"要在厚植爱国主义情怀上下功夫"，"要在加强品德修养上下功夫"，"要在增长知识见识上下功夫"，"要在培养奋斗精神上下功夫"，"要在增强综合素质上下功夫"。"办好教育事业，家庭、学校、政府、社会都有责任。家庭是人生的第一所学校，家长是学生的第一任教师，要讲好'人生第一课'，帮助扣好人生第一粒扣子。"

习近平总书记的上述思想，是对新时期中国特色社会主义教育育人规律的深刻把握，深刻回答了如何培养人的重大问题，揭示了养成良好习惯才是培养人才之根本。

美好人生从**良好习惯**的培养开始

小学生良好习惯养成的重点内容[1]

每位学生都可以通过养成良好习惯来改变命运，即使未来的人生充满挫折，只要能够保持良好习惯，就一定能以健康、正确的人生态度积极面对，从而披荆斩棘，勇往直前，排除人生中的各种艰难困苦，最终走向成功。

那么，小学生又该养成哪些良好习惯呢？对此，很多中外学者、专家均有过深入的研究，并取得令人瞩目的成果，得到大家的认可。

我国学者张振鹏在其作品《影响孩子一生的100个好习惯》中全面总结了影响人生的100个好习惯，分别从行为、学习、生活、卫生、安全、成长等各方面进行了分类总结，可以使广大教师、家长从纷乱的习惯中理出头绪，并循序渐进地培养学生。这100个习惯是：

👍 行为好习惯

1. 不忘父母养育之恩，懂孝道
2. 尊敬师长，不忘师恩
3. 节约粮食、水和电
4. 爱护公物，做文明孩子
5. 大小便宜都不贪
6. 想好就去做，不拖延
7. 千万不要逞一时之能
8. 脚踏实地，做事才能成功
9. 有主见，不随波逐流
10. 做事一定要有计划
11. 重要的事情要先做
12. 做任何事情都要尽全力
13. 与好逸恶劳说再见
14. 不给自己找任何借口
15. 善于珍惜每一分钟
16. 学会与他人分享

👍 学习好习惯

17. 让兴趣成为学习的动力
18. 制订合适的学习计划
19. 丰富自己的想象力
20. 培养不凡的记忆力

---

[1] 孙云晓.《好习惯成就好人生》.江苏凤凰教育出版社，2016年版，第25—26页.

21. 要细心，不粗心大意
22. 善于用眼睛捕捉信息
23. 课前一定要预习
24. 集中注意力，思想不开小差
25. 课堂上要积极发言
26. 课后一定要及时复习
27. 按时完成每一科作业
28. 经常总结学习方法
29. 准备并利用好"错题本"
30. 掌握一些考试的技巧
31. 别让大脑懒惰，学会思考
32. 尽量多问几个"为什么"
33. 不断激发自己的潜能
34. 随时寻找学习的榜样
35. 重视创新的巨大价值
36. 让自己变得勤奋起来
37. 及时整理学习用品
38. 学习一定要讲效率
39. 每天都要进步一点点
40. 读书写字的姿势要正确
41. 书写切忌潦草，要工整
42. 学会使用工具书和参考书
43. 多读些好书充实心灵
44. 坚持写日记，记录每一天
45. 重视实践，培养动手能力
46. 学会休息，注意劳逸结合

👍 生活好习惯

47. 早睡早起，合理作息
48. 合理膳食，多吃蔬菜杂粮
49. 保护好视力，让双眼明亮
50. 生活一定要有规律
51. 不迷恋电视和网络
52. 学会打理自己的生活
53. 多做一些家务活儿
54. 尽早培养理财的能力
55. 用过的东西要放回原处
56. 站、坐、走的姿势要正确
57. 要经常锻炼身体
58. 多与大自然亲密接触
59. 保护环境，从我做起
60. 不给自己预设"烦恼"
61. 一定要远离追星的漩涡
62. 不苛求完美生活
63. 不吸烟，不喝酒
64. 不与他人攀比吃穿

👍 卫生好习惯

65. 早晚刷牙，饭后漱口
66. 不与宠物太过亲密
67. 及时清洗用脏的手帕
68. 饭前便后要洗手
69. 吃水果前要洗干净
70. 勤洗头、勤洗澡
71. 每晚睡前洗洗脚
72. 不吃变质的食物
73. 作业本要干净整洁

美好人生从**良好习惯**的培养开始

👍 安全好习惯

74. 遵守交通规则
75. 学会文明乘车
76. 学会应对意外大火
77. 不私自去河塘游泳
78. 注意校园安全
79. 记得注意家庭安全
80. 公共场合要讲秩序
81. 不轻易给陌生人开门
82. 不玩危险的游戏
83. 沉着冷静面对危险

👍 成长好习惯

84. 学会抵抗挫折
85. 培养坚强的意志力
86. 学会自主选择
87. 贵在坚持,不轻易放弃
88. 不要患得患失
89. 永远保持一颗进取心
90. 要自信,相信自己最棒
91. 给自己设定奋斗的目标
92. 多多奉献自己的爱心
93. 学会超越自己
94. 懂得自我激励
95. 每天都应该自我反省
96. 学会与他人合作
97. 一定要保持心态平和
98. 培养自己的责任感
99. 做一个正直的人
100. 培养强大的执行力①

著名学者孙云晓和他带领的中国青少年研究中心习惯研究课题组结合我国现行阶段的教育方针、《公民道德建设实施纲要》和联合国教科文组织关于21世纪教育的建议的有关精神,提出了当前青少年良好行为习惯培养的重点内容,并归纳为三大方面和12项重点内容,如表2–1所示。有关专家又对这12项重点内容包含的相应的主要具体行为习惯作出了示例,如图表2–2所示。

表2–1 少年儿童良好习惯的12项重点内容

三大方面	重点指标	人格特征	序号
做人	真诚待人	真爱	1
	诚实守信	诚信	2
	认真负责	责任心	3
	自信自强	乐观	4

---

① 张振鹏.《影响孩子一生的100个好习惯》.金盾出版社,2010年版.

续表

三大方面	重点指标	人格特征	序号
做事	遵守规则	规则意识	5
	讲究效率	效率意识	6
	友善合作	合作	7
	合理消费	勤俭节约	8
学习	主动学习	自我能动性	9
	独立思考	独立	10
	学用结合	勇于实践	11
	总结反思	勤于创新	12

表2-2　少年儿童12个重点"人格化"习惯对应的主要具体行为习惯示例

12个重点指标	主要行为习惯示例	序号
真诚待人	礼貌待人（礼貌用语、基本礼仪和礼节等）、孝敬父母（理解、尊重、关心）、尊敬师长、与伙伴或同学真诚相待	1
诚实守信	说话算数、不说谎话、对别人交代的事情不敷衍了事、自己做错了事情主动承认、借了别人的东西及时归还	2
认真负责	自己能做的事情自己做、答应的事情要认真做、敢于承担责任、学习认真（听讲、作业等）	3
自信自强	生活有规律、按时作息、坚持体育锻炼、穿戴整洁、讲究个人卫生、情绪饱满乐观、敢于竞争和参与、面对困难和挫折不退缩	4
遵守规则	遵守家规、遵守课堂纪律、遵守班级纪律、遵守校规、遵守交通秩序、公共场合不打闹嬉戏、看比赛和演出时文明有序	5
讲究效率	做事有计划、讲究方法、珍惜时间、善于自我管理	6
友善合作	不打人骂人、不歧视同学、不随便给别人起绰号、善于交往、关心班集体	7
合理消费	爱惜个人用品、吃穿不浪费、不乱花钱、节约水电等资源	8
主动学习	学习有计划、求知有方法、学习时间有保证、课余生活有安排	9
独立思考	勤于动脑、敢于提问和质疑、主动与人讨论、大胆想象和联想	10
学用结合	动手操作、参与劳动、仔细观察、注重体验	11
总结反思	及时总结、整理知识、勤于反思、处理信息	12

美好人生从**良好习惯**的培养开始

良好习惯要体现在较好的感性认知上,并最终体现在优良的外在行为上,也就是知行合一。所以,培养少年儿童的良好习惯既要注重认知教育和情感的培养,更要重视有目的、有计划的行为训练和行为强化。只有当他们对每一个良好习惯都知其然并知其所以然,知与行达到一致,习惯才算养成。因此,对少年儿童来说,明确的教育训练对其养成良好的行为习惯是很重要的,而且是很有必要的。

2018年8月30日,肇庆教育号曾转载广东教育传媒公众号发布的《一至六年级学生好习惯养成一览表》。该一览表将小学生所要养成的良好习惯归纳为学习习惯、生活习惯、交友习惯、健康习惯、行为习惯、其他习惯共六大方面的习惯,并根据小学生年龄、心理、认知等规律,分年级来明确每一类习惯要养成的具体内容或要求,还对家长给出了具体的建议,显得更有针对性、科学性、合理性和指引性。无论是对小学生,还是对家长、对教师来说,其可操作性也是极强的。(见表2-3~表2-7)

表2-3　一年级好习惯

项目	内容
学习习惯	1. 按时完成作业。 2. 养成正确的读书、写字的姿势。 3. 能阅读拼音小故事
生活习惯	1. 每晚准备好第二天的学习用品。 2. 早睡早起。 3. 按时吃饭、不吃零食、爱惜粮食。 4. 爱护书本、爱惜学习用品。 5. 自己穿衣服、系鞋带
交友习惯	1. 同学之间友好相处,不打架、不骂人。 2. 乐于帮助同学。 3. 不与陌生人交往
健康习惯	1. 早晚刷牙。 2. 饭前便后要洗手。 3. 不买小摊食品。 4. 按时做"两操"
行为习惯	1. 见到教师和客人主动问好。 2. 不乱扔果皮、纸屑。 3. 公共场合不大声喧哗
其他习惯	对他人的帮助要心存感激

表2-4 二年级好习惯

项目	内容
学习习惯	1. 每天预习半小时。 2. 独立完成作业。 3. 认真听讲。 4. 自觉阅读课外书
生活习惯	1. 自己能做的事情自己做。 2. 吃饭不挑食。 3. 早睡早起
交友习惯	1. 不与陌生人交往。 2. 不欺负比自己弱小的同学。 3. 同学间要相互帮助
健康习惯	1. 早晚刷牙。 2. 饭前便后要洗手。 3. 不买小摊食品。 4. 每天锻炼身体一小时
行为习惯	1. 会用礼貌用语。 2. 按顺序上下车。 3. 爱护花草树木
其他习惯	1. 学会感恩。 2. 随手关灯和水龙头

给一、二年级学生家长的建议：

小学一、二年级是学生极其依赖家长的时期，正是建立学习习惯的黄金期，这个时候狠抓就能产生事半功倍的效果！

这时的学生心智还不成熟，什么都未知，你所灌输的理念，对学生形成的认知、养成的习惯都至关重要，这也是他对一生学习的第一印象。

写字工整：如果不从一开始就让学生养成认真书写的习惯，等到了高年级再去纠正他的字体散架，那付出的代价就是学生需要一笔一画地写，一分钟写不到10个字，学生做作业的效率就直线下降，直接影响他们的学习兴趣。

做作业速度：成绩明显低于班级平均分的学生都有一个共同的特点，那就是做作业速度慢。做作业越慢，就越不容易集中注意力。所以，一开始不要求正确率，只要求速度，严禁边做作业边玩，做作业中途尽量不吃东西、不上厕所。做作业时帮助学生确定作业顺序，先做他不擅长的作业，因为，一开始学生精力都比较好。

美好人生从**良好习惯**的培养开始

课前预习：提前和学生预习明天上课的知识点，让他们熟悉明天课堂上要学习的内容，并初步掌握，这样学生在学校时就会表现得比较自信，勇于表现自己，获得学习的趣味机会。

小学一、二年级的学生是很容易建立自信心的。

当然，这个阶段最重要的就是陪伴，和学生一起经历所有的学习细节，像做作业、提前预习都是贵在坚持，让学生明白什么叫全力以赴，以后就会成为他们自我要求的标准。而且在这个过程中，完全可以验证一分耕耘、一分收获的道理，很容易就享受到学习成果，让学生获得成就感。

这个阶段切忌把追求成绩错误地表现为要学生当第一名，更不该只重视分数高低和名次，使学生错误放大成绩的意义与重要性。而是要鼓励学生追求"自己的最佳表现""跟自己竞赛"的观念，让学生了解成绩是一种自我检验而不是分数、名次的追求，名次仅是帮助我们知道自己的能力在人群中的落点，只要超越自己之前的表现就是最棒的。

小学一、二年级还要培养学生每天看书、每天学英语（英语发音对孩子的影响很大，报口语班时最好注意教师的发音标不标准）、每天简单写日记的习惯。总之，一定要培养好学生的学习习惯。

表2-5　三年级好习惯

项目	内容
学习习惯	1. 每天预习。 2. 独立学习和思考问题。 3. 阅读课外书。 4. 作业干净整洁
生活习惯	1. 自己的事情自己做。 2. 合理安排时间。 3. 不吃零食
交友习惯	1. 能学到身边朋友的优点。 2. 远离品行恶劣的人。 3. 主动帮助有困难的人
健康习惯	1. 勤洗澡、勤换衣。 2. 每天坚持锻炼身体。 3. 养成良好的用眼习惯

续 表

项目	内容
行为习惯	1. 上下车主动排队。 2. 爱护花草树木。 3. 用文明语言和别人交谈
其他习惯	1. 养成节约的良好习惯。 2. 孝敬父母

表2-6 四年级好习惯

项目	内容
学习习惯	1. 自主学习。 2. 积极思考。 3. 每天预习，及时复习。 4. 作业干净整洁并且正确率要高
生活习惯	1. 自己的事情自己做。 2. 合理有效安排时间。 3. 不吃零食，不买"三无"食品
交友习惯	1. 尊重他人。 2. 真诚。 3. 明辨是非。 4. 不与品行恶劣的人交友
健康习惯	1. 衣服干净整洁。 2. 每天锻炼身体不少于一小时。 3. 有良好的心理素质
行为习惯	1. 自觉遵守公共秩序。 2. 用文明语言和行为与他人交往
其他习惯	1. 爱家人、爱同学、爱学校。 2. 为家人做一些力所能及的事情

给三、四年级学生家长的建议：

小学三年级的学习习惯直接决定高考的学习成绩。小学三年级和高二成绩相关系数0.82，其重要程度不言而喻。这个阶段是学生学习逐渐定型的重要阶段，这时的学生有了自己的主见，所以又是一个不稳定的阶段。学生在一、二年级养成的良好习惯一定不能放松。三年级后，不用像一、二年级一样再坐在旁边陪伴学生做作业了。他们开始主动积极地接受新知识，但你要教会学生制作计划表、整理错题、做笔记。

语文：教育家苏霍姆林斯基说过，让学生变聪明的办法，不是补课，不是增加作业量，而是阅读、阅读、再阅读。家长可以和学生一起制作一个阅读计划表，记录每个月的阅读字数。

中年级也是培养学生写作文的关键时期，这时要让学生不怕写作文，平时要引导他们多把周围生活中发生的事写进日记，多描写细节，让学生学会从生活中学习。

数学：学奥数。学奥数要抱着训练态度和平常心，但不是指随随便便应付，学奥数最难得的是坚持，首先陪伴的家长要坚持，做好情绪的疏导，用实际行动告诉学生既然选择了就坚持，既然坚持了就努力做好。

英语：三、四年级是英语从听说到读写的过渡期，平时多看看英文绘本，要求学生拼写单词等。

培养一项可以长期坚持下来的体育爱好。（很多研究表明，会运动的学生更聪明）

小学三、四年级开始教给学生画重点、整理错题本、简单做笔记。做笔记和找重点是相辅相成的，但是要让学生尽量做到边听边记，记多少算多少，千万不要为了记笔记而错过教师的讲课内容。

尖子生、状元的武器——"错题本"，事半功倍。给学生买课外辅导书，大量做题，多是没用的，还不如把这些时间放到整理错题上，让学生每天把做错的题改正过来并记在"错题本"上就可以了，既省了时间还养成了整理错题的良好习惯。

表2-7　五、六年级好习惯

项目	内容
学习习惯	1. 自主学习。 2. 积极独立思考。 3. 每天预习，及时复习。 4. 有自己的独立见解。 5. 阅读科普读物与文学作品
生活习惯	1. 合理有效安排时间。 2. 有良好的生活习惯。 3. 不去网吧、酒吧。 4. 不买小摊贩的食品与用品

续 表

项目	内容
交友习惯	1. 热情大方。 2. 友好真诚。 3. 与积极健康的人做朋友。 4. 关心帮助朋友
健康习惯	1. 干干净净每一天。 2. 每天坚持锻炼身体。 3. 用积极健康的心态对待生活与学习
行为习惯	1. 自觉维护公共秩序。 2. 用文明语言和行为与他人交往
其他习惯	1. 感恩他人、感恩社会。 2. 积极参加公益活动

给五、六年级学生家长的建议：

到了小学高年级以后，家长不用再过问作业细节了，只要在他偶尔犯懒的时候提醒他，遇到挫折的时候鼓励他，实在找不到解决办法时跟他一起寻找方法，是不是很轻松？

这时，学生有了自主的学习能力，找到了适合自己的学习方法，正是"授人以鱼，不如授人以渔"。在以后的初中、高中阶段，家长也同样省心的。

第三章
农村小学生习惯养成方面存在的突出问题和形成原因

　　一个人良好习惯的养成必须从儿童时期开始。如果习惯养得好，终身受其福；如果习惯养不好，则终身受其累。俄国教育家乌申斯基说，良好习惯是人在神经系统中存放的道德资本，这个资本在不断增值，一个人毕生都可以享用它的利息；而坏习惯是道德上无法偿还清的债务，这种债务能以不断增长的利息折磨人，使他最好的创举失败，并将其引向道德破产的地步。

　　小学阶段是习惯教育的关键时期。这个时期培养学生的行为习惯成效最大，而一旦错过了，再进行习惯教育，效果就差远了，有时不只是事倍功半的问题，甚至会造成终身难以弥补的遗憾。

当前农村小学生的行为习惯现状

我校处于广东省偏远山区农村,经济和文化相对都比较落后。大部分家长文化程度普遍比较低,缺乏对学生好习惯的养成教育。特别是近几年来,素质教育的进一步实施,引起了新旧观念的冲突,加之农村留守儿童的日益增多,农村小学的习惯教育中出现了令人担忧的问题。比如,农村小学生普遍出现了衣着随意、行为霸道、欠缺礼貌、随地扔垃圾、言行不文明、上课不认真(不专心听讲、不做笔记、不用心思考、不积极发言和学习不反思等)、作业不完成、写字不工整、课前不预习、课后不复习、课外不阅读等现象,缺乏良好的行为习惯。

执笔方法不对

第三章
农村小学生习惯养成方面存在的突出问题和形成原因

乱丢垃圾

男生留长发

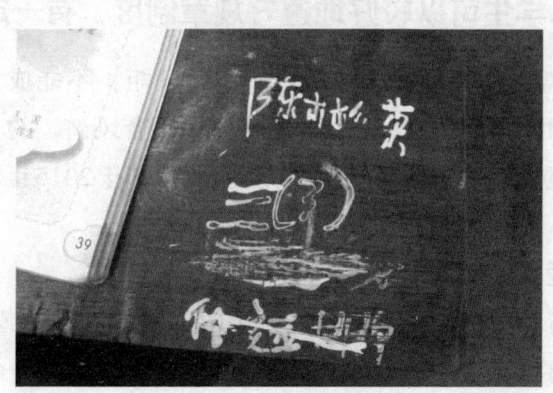

乱写乱画

为此,从2016年起,我着手成立课题组,开始主持课题《知行统一、三教结合,培养农村小学生良好行为习惯——青少年健康成长教育实践研究》。该课题于2017年3月被广东省教育科学规划领导小组批准为广东省教育科研"十三五"规划2017年度中小学教师教育科研能力提升计划项目重点课题。

研究前期,课题组对三所不同学校的农村小学生的习惯现状进行了调查。调查采用了问卷调查法,调查对象为广东省肇庆市封开县杏花镇中心小学、广东省肇庆市封开县南丰镇中心小学和广东省茂名市信宜市第五小学的学生和家长,力求从整体上反映农村小学生的习惯现状。本次重点调查了杏花镇中心小学一至六年级各年级的1班和2班及部分教学点的一些班级,共22个班,发放问卷860份,回收845份,回收率达98%。另外,南丰镇中心小学发放问卷250份,回收235份;信宜市第五小学发放问卷145份,回收145份。

"行为习惯养成"调查问卷分为学生行为习惯现状调查问卷(学生)和学生行为习惯养成调查问卷(家长)两部分,由课题组成员完成问卷设计。其中,学生行为习惯现状调查问卷(学生)中设置了学习习惯、文明言行习惯、生活卫生习惯等方面内容;学生行为习惯养成调查问卷(家长)中设计了家长对家庭教育的重要性、对学生礼仪教育的认识以及学生在家的礼貌礼仪、家务劳动、学习习惯、尊老爱老的表现等六大项目。这些内容是学校通过观察课内、课外小学生习惯养成教育的实际表现,通过召开师生座谈会、班主任会、学生家长会,分析学生在习惯养成方面存在的问题而确定的。

调查结果显示,农村小学生的习惯现状总体看是好的,但还有很多突出的问题。

一、农村小学生可以较好地遵守规章制度,有一定的良好习惯

孟子曰:"离娄之明,公输子之巧,不以规矩,不能成方圆。"任何国家、社会、单位团体为了培育一种道德精神、社会风尚,约束和规范个体行为,都会制定相应的法律法规、准则制度。教育部于2015年颁布了新修订的《中小学生守则》,共9条,282字,内容如下:

1. 爱党爱国爱人民

了解党史国情,珍视国家荣誉,热爱祖国,热爱人民,热爱中国共产党。

2. 好学多问肯钻研

上课专心听讲,积极发表见解,乐于科学探索,养成阅读习惯。

3. 勤劳笃行乐奉献

自己事自己做,主动分担家务,参与劳动实践,热心志愿服务。

4. 明礼守法讲美德

遵守国法校纪,自觉礼让排队,保持公共卫生,爱护公共财物。

5. 孝亲尊师善待人

孝父母敬师长,爱集体助同学,虚心接受批评,学会合作共处。

6. 诚实守信有担当

保持言行一致,不说谎不作弊,借东西及时还,做到知错就改。

7. 自强自律健身心

坚持锻炼身体,乐观开朗向上,不吸烟不喝酒,文明绿色上网。

8. 珍爱生命保安全

红灯停绿灯行,防溺水不玩火,会自护懂求救,坚决远离毒品。

9. 勤俭节约护家园

不比吃喝穿戴,爱惜花草树木,节粮节水节电,低碳环保生活。

《中小学生守则》涵盖了学生德智体美劳全面发展的基本要求,保留了2004年守则中仍具时代价值、体现中华传统美德、应长期坚持的内容,如热爱祖国、热爱人民、热爱中国共产党、诚实守信、珍爱生命等;补充了一些更具操作性、学生可以做到的具体行为规范内容,如主动分担家务、自觉礼让排队、不比吃喝穿戴等;增加了新时期学生成长发展中学校、社会和家庭高度关注的内容,如养成阅读习惯、文明绿色上网、低碳环保生活等,对规范中小学生行为,培养良好习惯起到制度约束和教育指引之作用。

从教师日常的教育工作观察以及调查中可以发现,多数农村小学生能够遵守《中小学生守则》,并在日常生活与学习中自觉地规范、约束自己的行为。他们如果能一直严格遵守《中小学生守则》,再通过多方面的共同努力和引导,一定可以成长为具有良好道德品质、行为习惯的小学生。

从文明礼仪情况看,在与人交往谈话或有客人来访时,杏花镇中心小学有60.47%的学生,南丰镇中心小学有64.68%的学生,信宜市第五小学有74.48%的学生能做到礼貌待人、说话文明、不说脏话;在上学、放学或外出时,杏花镇中心小学有52.19%的学生,南丰镇中心小学有66.81%的学生,信宜市第五小学有74.48%的学生能做到与家长经常打招呼;在与人交流时,杏花镇中心小学有45.56%的学生,南丰镇中心小学有55.32%的学生,信宜市第五小学有45.52%的学生经常会使用"请""谢谢""不客气""对不起"等日常文明礼貌用语。

从学生的卫生情况看,杏花镇中心小学有73.73%的学生,信宜市第五小学有85%的学生能做到"三勤"(勤洗头、勤洗澡、勤剪指甲),讲究个人卫生;南丰镇中心小学有68.94%的学生从来不会随地吐痰、乱扔垃圾。

从学生的生活习惯看,杏花镇中心小学有70.77%的学生能做到自己的事情完全自己做,有22.96%自己做一些,这说明大多数学生已经由原来事事依赖家长变为能做一些力所能及的事情。

从遵守交通规则的情况看,三所学校有65%的学生能做到遵守交通规则。

从学生的道德行为看,当遇见有困难的人时,三所学校有29.82%的学生会主动帮助,62.01%的学生选择有时会帮助,66.39%的学生积极参加捐款等献爱心活动,说明他们初步有关心、帮助他人的意识,只是这种意识还没有转化为直接的习惯性行动,还需日后强化。

献爱心

从学生尊老爱幼情况看,在家长心目中,杏花镇中心小学有59.78%的学生,南丰镇中心小学有62.5%的学生,信宜市第五小学有71.15%的学生,能做到尊敬父母长辈;杏花镇中心小学有55.56%的学生,南丰镇中心小学有57.35%的学生,信宜市第五小学有55.77%的学生,能做到与同学和睦相处;信宜市第五小学有56.23%的学生能做到关心弱小。

为敬老院老人表演节目

为敬老院老人捶背

与敬老院老人聊天

2016年，我曾对学校一至六年级的学生（每年级抽两个班，每个班抽两小组）进行过有关道德素养等方面的调查。

从家庭道德遵守情况看，多数农村小学生是有一定家庭道德意识的。调查问卷显示，对"你对和家长顶嘴怎么看？"这一问题的回答，有82.7%的学生选择了"实在不对，任何时候都不应该和家长顶嘴"；有16.3%的学生选择了"可以理解，有时候可以"；仅有1%的学生选择了"够霸气"。从调查的问卷数据分析可以得出，大多数的学生可以在日常生活中自觉遵守、履行道德规范，可以很好地尊重父母、孝敬长辈；有少数的学生是在一定程度上尊重父母、孝敬长辈，有的时候还是会和家长顶嘴；只有极少数的学生没有礼貌，经常和家长顶嘴。

从公共道德和遵守情况看，大多数农村小学生在校的道德表现良好。调查问卷显示，对"你不小心把同桌的作业本弄脏了，但是没人看见，你会怎么办？"这一问题的回答，有88.1%的学生选择了"主动和同桌道歉"；有9.1%的学生选择了"其他"；仅有2.8%的学生选择了"装作没事，不和任何人说"。从调查问卷的数据分析可以得出，大多数的学生在没人看见的情况下做了错事会主动承担错误；很少数的学生在没人看见的情况下做了错事会选择"其他"；只有极少数的学生在没人看见的情况下做了错事会选择不承担责任，装作什么都没有发生。

从以上几组数据分析得出，农村小学生可以较好地遵守《中小学生守则》等规章制度，注重文明、注意卫生、尊敬父母、孝敬长辈，有较好的道德意识和行为自控能力。

二、农村小学生积极向上的三观占主导，可促进良好习惯的养成

习近平总书记在2018年全国教育大会上强调：办好教育事业，家庭、学校、政府、社会都有责任。家庭是人生的第一所学校，家长是学生的第一任老师，要给孩子讲好"人生第一课"，帮助"扣好人生第一粒扣子"。

讲好"人生第一课"，帮助"扣好人生第一粒扣子"，关键是培养小学生的良好习惯。

习惯的养成受到诸多因素的影响，如理想信念、道德观、人生观、价值观、能力、爱好、性格、心理、学习环境、生活环境等。尤其是健康的、积极的三观在很大程度上影响着一个人良好习惯的养成，一个人的良好习惯一旦养成了，又能有效地促进健康人格的形成。

调查问卷显示，对"你认为人活着首先是为了什么？"这一问题的回答，有92.7%的学生选择了"为社会、国家做贡献"；有4.5%的学生选择了"不知道"；有2.8%的学生选择了"享受物质生活"。由此可见，当今农村小学生的人生观大多数积极向上，只有少数学生的人生观比较渺茫或是比较现实。这是值得令人欣慰的。

调查问卷显示，对"你所在的学校组织开展志愿者活动，你对此的态度是什么？"这一问题的回答，有64.5%的学生选择了"积极参加"；有32.7%的学生选择了"根据是否是自己喜欢的活动"；有2.8%的小学生选择了"不感兴趣"。从调查问卷数据分析中可以得出，大多数学生愿意并且积

共同参与新农村建设

极主动参加学校组织开展的各种志愿者活动；有少数的学生要根据自己的兴趣爱好选择是否参加志愿者活动；只有极少数的学生对学校组织开展的志愿者活动不感兴趣。

调查问卷显示，对"你现在努力学习的目的是什么？"这一问题的回答，有63.6%的学生选择了"为国家富强而读书"；有21.8%的学生选择了为"做有出息的人而读书"；有10.9%的学生选择了"无目的，为家长"；仅有3.7%的学生选择了"为了挣大钱，过好日子而读书"。从调查问卷的数据分析可以得出，大多数的学生读书目的是明确的、积极向上的，理想是远大的；少数的学生读书目的是比较现实的；很小一部分的学生读书没有目的，就单纯为了家长；仅仅有极少数的学生读书目的是为了日后挣大钱，过上好日子。

以上可以看到，当前大多数农村小学生具有积极向上的人生观、道德观、价值观，人生目标、学习目的比较明确，集体主义观念感比较强，这些都是当今农村小学生思想道德现状中积极向上的体现。这些小学生有了明确的人生目标，有了积极向上的人生观和价值观指引，再加上社会、学校、家庭多方面的齐抓共管、教育引导，一定可以培养良好的道德品质和行为习惯，日后一定会成为合格的社会主义事业建设者和接班人。

三、农村小学生心理素质总体有所改善，有利于良好习惯养成

心理素质不仅会影响一个人的身体健康，而且也会影响到一个人的道德修养、人际关系、事业成败等，更会直接表现在行为上。如果一个人的心理素质差，其道德品质、性格爱好、言行举止等，往往与常人有异，甚至会出现一定的问题。如果具备良好的心理素质，哪怕是小学生，也会表现出较为坚定的道德立场，不会随意改变自己的道德认知和行为规范，这对养成良好习惯是十分有利的。在日常，我们不难发现，有的人面对困难或挫折时，情绪波动较大，往往破罐子破摔，甚至自暴自弃，不良习惯也就因此形成，从而改变自己的人生方向和轨迹。这样的人绝对是心理素质不好的人。由此可知，心理素质影响着小学生良好习惯的形成。虽然农村留守儿童日益增多，但根据调查分析发现，当前农村小学生的心理素质总体有所改善，是比较乐观的。

调查问卷显示，对"当你发现别的同学比你学习好，比你人际关系好，你会怎么样？"这一问题的回答，有84.5%的学生选择了"很为同学开心，并向同学学习"；有9.1%的学生选择了"有些嫉妒"；有6.4%的学生选择了"和我无关，不在意"。由此可见，大多数农村小学生具有良好心理素质，对同学取得好成绩，有好的人际关系是真心为同学感到高兴的，会虚心向同学学习；有少数的学生会心生嫉妒；只有极少数的学生表现出漠不关心，毫不在意。

调查问卷显示，对"如果你在某次考试中成绩很差，因而受到家长的批评，你会怎么办？"这一问题的回答，有92.7%的学生选择了"下定决心努力，下次一定考好"；有4.5%的学生选择了"很难过，对自己没有了信心"；有2.8%的学生选择了"对家长的批评有点反感"。从调查问卷的数据分析可以得出，大多数的学生在某次考试成绩很差，并遭到家长批评时会下定决心，会继续努力；很少数的学生会感到很难过，会受到打击并从此对考试失去信心；只有极少数的学生会对家长的行为感到反感，并从心理、情绪、行为上产生抵触。

综合以上可以看出，目前大多数农村小学生的心理素质总体是良好的，无论是心理抗打击能力，还是心理承受挫折能力，都有所改善。较好的心理素质将有利于他们提升道德修养和健康快乐成长，为以后成为有用之人做铺垫，有利于培养农村小学生的良好习惯。

农村小学生习惯养成方面存在的突出问题

2012年11月15日，习近平总书记在十八届一中全会后中央政治局常委与中外记者见面会上的讲话中指出："我们的人民热爱生活，期盼有更好的教育、更稳定的工作、更满意的收入、更可靠的社会保障、更高水平的医疗卫生服务、更舒适的居住条件、更优美的环境，期盼着孩子们能成长得更好、工作得更好、生活得更好。人民对美好生活的向往，就是我们的奋斗目标。"当前，大多数农村小学生能够遵纪守法、注意卫生、文明待人、尊老爱老、乐于助人，行为习惯和道德水平在逐步改善和提高，从总体上看是积极的，发展趋势是好的。但随着社会的进步与经济的发展，人们的物质需求和精神需求也越来越高，教育一旦跟不上人们日益增长的物质和精神需求，自然会出现一些问题，而农村的小学生也不例外，在思想道德修养、个人行为习惯等方面自然也会存在和出现一些不能令人满意的问题。

一、基本道德素质缺失，影响其良好习惯的形成

黑格尔说过，"一个人做了这样或那样一件合乎伦理的事，还不能说他是有德的；只有当这种行为方式成为他性格中的固定要素时，他才可以说是有德的。"

道德素质是一个人道德认识和道德行为的综合反映，它包含一个人的道德修养和道德情操，体现着一个人的道德水平和道德风貌。因而，道德素质也是一个人精神力量的核心。如果没有道德素质作为内在的基础与支柱，一个人的精神大厦就会崩裂，而且会导致行为大厦的坍塌。"少年强则中国强"，学生的良好道德素质是民族崛起和立国兴邦的基础，是立德树人的终极目标。佩利说："美德大多存在于良好的习惯中。"道德素质是小学生良好品质养成的最重要的一部分，它在良好习惯的形成中起关键作用。而就当前农村小学生的日常行为而言，存在诸多不足：随地扔垃圾、破坏公物、乱写乱画、不尊重师长、不爱劳动、缺乏艰苦朴素、缺乏吃苦耐劳、知行不一、行为随意放任，等等。可见，当前农村小学生的道德素质还是有欠缺的，其具体体现如下：

1. 道德意识淡薄

许多农村小学生认为完成学校、教师布置的事情就是为了完成任务，或是说如果不完成的话就会被教师、家长批评，因而没有积极主动的责任意识，道德意识也就相对较为薄弱，这对培养小学生的良好习惯是非常不利的。调查数据显示，当前农村小学生的道德意识比较薄弱。比如，对"你在班级里的打扫、清洁工作，是为了什么？"这一问题的回答，有65.5%的学生选择了"不完成会被老师批评"；有26.4%的学生选择了"老师辛苦，为老师分担"；有8.1%的学生选择了"作为班级里的一分子应该做的"。多半的学生打扫班级、保持班级清洁是为了完成任务，为了不被教师批评，缺乏积极主动性和责任感，道德意识薄弱；有少数的学生打扫班级、保持班级清洁是觉得教师工作很辛苦，愿为教师分担；仅仅只有少数的学生道德意识较强，认为打扫班级、保持教室清洁是作为班级里的一员应该做的。由于道德意识淡薄，农村小学生随地吐痰、乱扔垃圾、乱写乱画、破坏公物、浪费水电、出口伤人、公共场合互相追逐、大声喧哗等不良行为时有发生。因此，农村小学生的道德认知教育亟须加强。

随意攀爬

践踏花草

乱扔垃圾

2. 道德行为不积极

目前，大多数农村小学生兄弟姐妹比较少，个别甚至是独生子女，他们习惯了以自我为中心，对认为不关自己的事情置之不理，从而导致道德行为的不积极。从调查问卷的数据分析中也可看出，当前小学生的道德行为缺乏主动性。对"教室地上有一张废纸，你看到了，会怎么做？"这一问题的回答，有35.7%的学生选择了"装作没看到"；有12.1%的学生选择了"自觉捡起来"；有52.2%的学生选择了"有时会捡起来，有时会装作没看见"。对"你的学校有募捐或是帮助其他人的公益活动，你的态度是什么？"这一问题的回答，有76.4%的学生选择了"不关自己的事情，不关注"；有13.6%的学生选择了"积极参加"；有10%的学生选择了"偶尔参加"。由此可见，大多数农村小学生的道德行为很不积极，都是"事不关己，高高挂起"的消极态度，很少一部分小学生是偶尔参加公益活动，仅仅只有少数的学生道德行为积极，能积极主动参加各类公益活动，但这只是学生中很少的一部分。因此，对农村小学生的习惯培养亟须加强思想品德教育，充分发挥榜样的示范引领作用。

3. 缺乏责任担当意识

现在的农村小学生个人主义思想严重，缺乏责任担当意识。从小的方面讲，认为和自己无关的事情很难积极主动地去完成；从大的方面讲，假如国家有难，需要每个公民挺身而出的时候，现在不少小学生很有可能会无动于衷。从调查问卷的数据

家务劳动

分析中也可得出，当今小学生的责任担当意识较差。比如，对"孩子能主动做家务劳动吗？"这一问题的问答，杏花镇中心小学、南丰镇中心小学、信宜市第五小学分别有39.85%、46.32%、34.62%的家长认为孩子一般能做到。对"如果国家发生战争，你愿意当兵报效国家吗？"这一问题的回答，有70%的学生选择了"不愿意，但强制要求会去"；有23.6%的学生选择了"不愿意，生命没有保障"；仅有6.4%的学生选择了"积极主动参军"。"国家兴亡，匹夫有责"，但

多数小学生的责任意识较差，不愿意积极主动为国效力，这对良好习惯的形成也是极为不利的。

4. 没有远大的理想抱负

大多数农村小学生目光短浅，没有具体和远大的理想目标。调查问卷显示，对"你对中国梦怎么看？"这一问题的回答，有83.6%的学生选择了"还很远，自己没有想过"；有13.6%的学生选择了"好好学习，为祖国的未来做贡献"；有2.8%的学生选择了"现实和梦想是两回事"。可见，多数学生没有理想目标，仅局限于当下；有很少一部分学生有远大的理想目标；仅有很小比例的小学生认为理想和现实本身就是两回事，根本没有必然联系。由于理想信念的缺乏，导致他们没有养成勤奋好学方面的好习惯。从调查的情况看，杏花镇中心小学、南丰镇中心小学、信宜市第五小学三所学校分别只有33.25%、35.74%、28.28%的学生能自觉主动地做好课前准备；三所学校分别只有25.21%、26.5%、32.4%的学生能课堂上专心听讲、勤思考、勤发言、勤做笔记；三所学校分别只有23.7%、23.6%、27.93%的学生能主动、认真、按时完成各科作业；三所学校分别只有28.88%、46.38%、40.69%的学生做到作业书写整洁；三所学校分别只有41.76%、36.03%、30.77%的家长认为学生有课外阅读、认真完成作业等方面的习惯。

课间阅读

5. 缺乏感恩之心

古有"羊有跪乳之恩，乌鸦有反哺之义"，而现在的一些农村小学生由于隔代教育，家庭成员沟通较少，亲情不浓，常常忽视了孝道，把自己当成或被长辈当成小皇帝、小公主，不懂得理解、感激家长、长辈和他人，对他人的付出都认为理所当然，普遍缺乏基本的感恩之心。一是对家长缺乏感恩之心；二是对教师和同学缺乏感恩之心；三是对所有帮助过他的人都缺乏感恩之心。对"你发现父母天天上班没有时间陪你，你怎么想？"这一问题的回答，有89.1%的学生选择了"很难过，有些埋怨父母"；有7.3%的学生选择了"父母工作忙，应该理解"；有3.6%的学生选择了"无所谓"。对于家长的生日，杏花镇中心小学、南丰镇中心小学、信宜市第五小学三所学校分别只有16.86%、13.24%、32.69%的学生知道。对吃饭时先请长辈坐，帮长辈盛饭，等长辈动筷才动筷的餐桌礼仪，据家长问卷的数据显示，杏花镇中心小学、南丰镇中心小学、信宜市第五小学三所学校分别有82.38%、79.41%、69.24%的学生做不到。由此可见，三所学校小学生的感恩之心和餐桌礼仪习惯亟须培养，对农村小学生的感恩教育要继续加强。

感恩教育

二、心理素质不佳，阻碍着良好习惯的形成

在小学阶段，随着身体的发育、竞争压力的增大、社会阅历的扩展、思维方式的变化等，学生必然会产生各种各样心理问题，如果这些问题得不到及时

解决，就会导致其道德行为失范、陋习凸现。所以说，心理素质是学生习惯形成中不可或缺的一部分。但当今许多农村小学生的心理素质还是存在欠缺的，主要表现在以下三个方面：

1. 心理承受能力差

现在的农村小学生大多是留守儿童，在家里都会受到祖辈的溺爱，要风不是雨，绝不会受到委屈和不公，久而久之，致使他的心理承受能力差。对"你已经写完的作业本丢了，没有准时交作业，受到了教师的批评，你会怎么办？"这一问题的回答，竟有高达92.7%的学生选择了"很委屈，很想哭"；有4.5%的学生选择了"先承认错误，事后再解释"；有2.8%的学生选择了"批评就批评，无所谓"。大多数的学生承受能力很差，遇到委屈和困难就只会哭，仅有很少一部分学生会努力承担。

2. 攀比心强

随着社会经济的发展，生活水平的提高，农村小学生的物质追求也越来越高，攀比之心也就变得更加强烈。调查问卷显示，对"当你看到班上别的同学有好的文具时，而你没有，你会怎么办？"这一问题的回答，有58.2%的学生选择了"回家让爸妈买"；有26.3%的学生选择了"自己想办法买"。有15.5%的学生选择了"喜欢，但没有必要买"。多数学生看到自己的东西不如同学的好，或是同学的东西比较好而自己没有的时候，会选择让家长买或是自己想办法也要买；仅有一小部分学生在看到好的东西，而自己没有的时候，会认为东西虽然好，但是没有必要买。攀比心强是导致学生铺张浪费、衣着怪异的主要因素。

3. 对心理健康课不重视

由于应试教育的存在，教师、家长、学生对心理健康课的不重视，也会导致小学生心理方面出现问题，影响良好品质、良好习惯的培养。调查表明，多数的农村小学生觉得心理健康课没有多大用处，对自身心理素质的培养不够重视，只有很少部分的学生觉得心理健康课对自己很有用处，很重视培养自身的心理素质。在回答"你认为心理健康课对你有用处吗？"这一问题时，有76.4%的学生选择了"一点用都没有"；有13.6%的学生选择了"其他"；有10%的学生选择了"对自己用处很大"。

三、人际关系不畅，不利于良好习惯的形成

对于个人的成长历程来说，小学阶段是人际关系形成的最初阶段，也是重要阶段。人际关系不但影响着学生的性格、情感、心理等，还对他们日后的成功和良好道德品质、行为习惯的形成有着直接影响。学生原本可以通过与同学、朋友之间的正常交往和交流培养良好的道德品质、行为习惯，但如果学生人际关系差，不与同学、朋友来往交流，同学身上的优良品质、行为习惯就学不到，从而影响自身的道德品质与良好习惯的养成。

当今小学生，尤其是农村小学生的人际关系还是存在一些问题的。根据课题组对家长的问卷调查数据显示，杏花镇中心小学、南丰镇中心小学、信宜市第五小学三所学校分别只有43.30%、33.09%、22.92%的家长认为自己的孩子能与人友好相处。其具体体现如下：

1. 以自我为中心

目前的学生都是家中至宝，是家长的掌上明珠，任何事情都以他们为中心，慢慢地就养成了以自我为中心的习惯。从调查问卷的数据分析中也可得出，当今小学生在处理人际关系时多数都是以自我为中心的。比如，对"当你的同桌每次都占大半个桌子，给你的学习带来不方便，你会怎么办？"这一问题的回答，有57.3%的学生选择了"下定决心，改掉同桌的习惯"；有34.5%的学生选择了"很讨厌同桌的行为，和同桌理论"；有8.2%的学生选择了"多包容同桌，自己少点地方没有什么的"。大多数的学生是只顾自己的人感受，仅有很少的学生愿意包容同学，愿意为同学着想。学生习惯了以自我为中心，必然会导致学生之间的矛盾纠纷时有发生。

2. 缺乏怜悯之心

对"你的好朋友和别的同学闹矛盾，如果错在你朋友，你会怎么办？"这一问题的回答，有80%的学生选择了"朋友义气，为朋友两肋插刀"；有12.7%的学生选择了"问明缘由，劝和同学关系"；有7.3%的学生选择了"免得惹麻烦，不管这事"。根据家长的调查问卷数据显示，在关心弱小方面，杏花镇中心小学、南丰镇中心小学、信宜市第五小学三所学校分别有69.59%、62.51%、56.23%的家长认为自己的孩子做不到。可见，多数的学生由于缺乏怜悯之心，不懂得爱护、关心别人，不明是非，不讲道理，盲目讲朋友义气，导致他们处理不好人际关系，打架、吵架、斗殴现象频发。

农村家庭教育的缺失

美国哲学家培根谈道:"习惯真是一种顽强而巨大的力量,它可以主宰人的一生。因此,人从幼年起就应该通过教育培养一种良好的习惯。"

如果说学校是引导学生进行良好习惯培养的主阵地,那么家庭作为安居和休憩的场所,对于个人成长的影响是显而易见的。著名作家巴金说:"孩子的成功教育从培养好习惯开始。"家长是学生的第一任教师,家庭是学生的第一所学校,家庭教育是一个人出生后接受最早的教育。一个人在接受学校教育和社会教育之前,已经先接受了家庭教育的熏陶和感染。家庭教育"先入为主"的优势对一个人思想道德与行为习惯的形成产生动力定型作用,形成一种定势,从而为人生的发展奠定基调。因此,家长要用智慧和耐心,把良好习惯的养成教育蕴含在巧妙的引导中,必要时创设有利的情境,通过一定的技巧和方法,帮助学生自觉接受良好习惯的培养。

杏花水斗村伍氏家训(伍彩云提供)

然而,当今的农村家庭教育状况不容乐观,主要存在以下问题。

一、重智育轻德育,缺乏教育责任意识

爱因斯坦有一句名言:"人的差异在于业余时间。"由此可见,学生的课余生活直接影响着他们的全面发展。丰富多彩的课余生活,能使学生开阔眼界、增长知识、陶冶情操、启迪智慧、发展特长,从而学会劳动、学会创造、学会做人,对他们养成良好道德品质和行为习惯有着重要的作用。然而,当今的农村家长在学生的教育上出现了"两极"分化现象。一部分家长长期以来受"应试教育"的影响,只注重学生的学习成绩,担心学生输在起跑线上,于是让他们学这、学那,各种作业、练习、试卷像加了热的气球一样迅速膨胀,学生的课余时间就像挤牙膏一样,被越挤越少,这极大地限制了学生身心的发展和良好道德品质、行为习惯的养成。另一部分,大部分的家长由于外出务工,又或是其他原因,把教育学生的重担完全扔给学校。他们认为学生的教育应该由教师和学校负责,如果学生的思想道德出现了问题,一定是学校和教师的教育出现了问题。由于缺乏基本的家庭教育的责任意识,部分家长对学生的学习、成长听之任之,这也是诱发农村小学生道德存在问题,以致陋习恶行多发的一个重要原因。

二、缺乏统一标准,孩子行为有偏差

对于孩子来说,家长双方的教育是缺一不可的,但同时也是需要分工的。普遍认为,在教育的过程中,最科学的教育分工是:妈妈要尽到管理好孩子生活的责任,给他们足够的关爱;而爸爸则负责教育孩子分辨善恶是非,教给孩子正确的思维方法,培养他们良好的道德品质与性格。但当今多数的农村家庭,在教育孩子上没有分工与合作,且家长之间对教育缺乏统一标准,孩子面对的是矛盾的、摇摆的家庭教育方式,接受的是对立的、随心所欲的教育信息,孩子就会无所适从。例如,在一次家访时发现,爸爸教育孩子的时候,妈妈时不时插嘴:"别听你爸爸的,他懂什么!"或者说:"你爸胡说!"时间长了,这名孩子好像有了保护神一样,爸爸让他做点什么,都安排不动他。他有时还学着妈妈的样子对爸爸说:"你懂什么!"弄得爸爸很无奈。如果家长一起批评他的时候,他就觉得少了保护神,立刻就会哭闹、耍赖。可见,如果家长双方教育孩子的态度不一致,是非标准不统一,孩子就会无所适从,长此

以往，有些孩子就学会了钻空子，甚至故意制造家长之间的矛盾，使得家长争吵。家长教育标准不一致的行为是导致孩子出现行为偏差的一个重要的、不可忽视的原因。

三、沟通方式不当，教育效果不理想

有效教育从沟通开始。良好的沟通方式有利于提高家庭教育实效，有利于促进孩子良好习惯的形成。而当今多数农村家长由于家庭教育意识淡薄，加上学历不高，缺乏科学的教育常识、教育方法和教育手段，没有充分重视与孩子之间的沟通，总是拿自己的当年比孩子。有些家长出身贫寒，早年通过自己的努力干出一番作为。他们成功的经历常会使自己自我膨胀，过分自信甚至自负。这种家长会认为："世上无难事，什么事情都可以做到！"并且把这种思想观念移植到对孩子的日常教育和沟通中。他们总是说："我当年的条件那么艰苦，都能取得成功，你现在条件那么好，还有什么不满足和抱怨的。"这些家长总是以自己的经历去比孩子，把自己的想法强加于孩子身上，根本不会与孩子静下心来沟通，一旦发现孩子有问题了，就只能或只愿采用简单粗暴的方式，希望一顿责骂与拳脚之后，孩子就会变好。更有甚者认为："没文化不可怕，会挣钱就行！"因此，对孩子出现的不良思想和行为置之不理。孩子有事情或有疑惑也就不愿与家长沟通了。长此以往，会严重阻碍孩子良好习惯的形成。

四、单亲孩子人格缺陷，阻碍良好习惯形成

家庭是以婚姻和血缘关系为基础组成的最小的社会组织单位，对每个人的成长至关重要。完整的家庭能给予孩子更多的温暖和关爱，给予孩子良好的教育和培养；破裂的家庭往往给孩子留下永远也抹不去的阴影和创伤。近年来，随着农村离婚率不断攀升，单亲家庭日益增多。婚姻的突变，使原来完整的家庭支离破碎，给单亲家庭孩子的成长之路蒙上了挥不去的阴霾。更有甚者，有的家长还会把愤怒及烦躁转化为粗暴专制的教育方式，把情绪发泄在孩子身上，使他们长期生活在惊恐不安之中，人格发展受到严重压抑和扭曲，容易形成极端、仇恨、自私心理，对一切充满敌意，形成冷酷顽固、野蛮专横的性格。还有的单亲家长对孩子放任自流、不管不顾，任其自生自灭，导致孩子道德意识差、违法乱纪行为较多，容易误入歧途。

五、留守儿童缺乏监管，日积月累形成陋习

据统计，我校留守儿童占学生总数的40%以上。留守儿童健康成长的问题，尤其是他们缺乏亲情关怀与教育监管的问题已经成为当下社会普遍关注的焦点。由于家长外出务工，把孩子留在家中交给老人或亲戚帮忙抚养，孩子在其成长的过程中缺少家长的关爱和良好品德、习惯的管教和引导，家庭教育上基本处于自生自灭的状态。就算是有祖辈的教育，但大多数祖父母对孙辈都非常宠爱，对他们有求必应，过分纵容；也有少数祖辈，尤其是爷爷对孙辈要求过于严格，动辄打骂。因此，留守儿童普遍存在着道德认识模糊、性格意志脆弱、言行举止失范、心理沟通障碍等问题。例如，在家访中我发现，小徐同学的妈妈离家出走，爸爸外出打工，祖父母代为监护人。小徐同学虽然思维活跃，但无心学习、性格孤僻。祖父母的过分溺爱使他养成出口骂人、偷窃东西、破坏公物、撒谎、与教师对着干等不良习惯，无形中助长了他自私自利、骄横任性、以自我为中心的极端性格，导致他在道德品质、行为习惯方面存在严重问题。

农村学校德育工作相对滞后

培养什么人，是教育的首要问题。在全国教育大会上，习近平总书记指出："我国是中国共产党领导的社会主义国家，这就决定了我们的教育必须把培养社会主义建设者和接班人作为根本任务，培养一代又一代拥护中国共产党领导和我国社会主义制度、立志为中国特色社会主义奋斗终身的有用人才。这是教育工作的根本任务，也是教育现代化的方向目标。培养德智体美劳全面发展的社会主义建设者和接班人，归根结底就是立德树人。要完成好这一根本任务，需要理清思路、花大力气、下真功夫。"

小学阶段的德育教育在学生全面发展中起着统帅和灵魂的作用。学校教育，育人为本，德育为先，因此改革学校德育工作，建立良好的教育体系，落实立德树人的任务是学校必须解决好的首要问题。过去，学校德育内容普遍过于抽象化、理论化、脱离实际、缺乏操作性，不符合学生成长规律。同时，由于受应试教育的影响，农村很多学校、教师、家长唯分数、唯升学为主导，以致很多德育工作流于形式而没有实效。因此，学校德育工作应从一点一滴、日常行为规范教育抓起，比如禁止随地吐痰、不乱扔垃圾、爱护红领巾、爱护公共设施、不抄袭作业、语言文明等。而实际上，当今的农村学校德育工作是滞后的，是会影响到德育教育实效的，是不利于学生的健康成长、不利于学生的良好习惯形成的。

一、德育工作缺乏师德教育

习近平总书记说："教师的重要，就在于教师工作是塑造灵魂、塑造生命、塑造人的工作。""广大教师要做学生锤炼品格的引路人，做学生学习知识的引路人，做学生创新思维的引路人，做学生奉献祖国的引路人。"并要求广大教师做有理想信念、有道德情操、有扎实学识、有仁爱之心的"四有"好老师，讲好"人生第一课"，为青少年"扣好人生第一粒扣子"。

教师是决定人才培养成败的关键，是基础、更是核心工程师。"学高为师，身正为范"。要培养学生良好的道德品质、行为习惯，教师首先要有高尚的道德情操、要有良好的行为习惯。据了解，目前部分农村学校的教师是缺乏职业道德的，如部分小学教师在教育教学中言语粗暴、专横跋扈、功利心太强、收取学生礼物、课堂不好好讲、课后办补习班、上课迟到、从事副业，甚至出现严重的道德失范——性侵女生、打骂羞辱学生。所以说，农村小学教师的师德教育还是需要加强的。而农村学校往往由于师资严重不足，担心处理一些道德失范的教师后会影响学校工作的正常进行，因而，对个别轻微有违师德要求的教师只作简单的教育了事。又由于农村学校教学任务重，教师一天的课都排得满满的，学校平常缺乏对教师的师德教育，更缺乏对教师的个人道德的鉴定。没有专业的思想品德教师，没有具有良好道德品质的教师做引领，会严重阻碍农村小学生思想道德教育和良好习惯的培养。

二、德育内容缺乏针对性

虽然许多农村学校都在德育方面，包括在习惯教育上进行改革和探索，但大都难以突破传统的德育观念，不能与时俱进，德育内容缺乏针对性，并没有解决好德育过程中的突出问题，更没有找到相应的解决对策。

很多农村学校更多注重的是学生的文化成绩,应试教育在学生的心中也占据了一席之地,传统的行为习惯养成在学校、教师、学生心中有时候已经淡忘。很多农村学校依然以培养老实听话、能考高分的学生为目标,而不是以培养独立自主、具有良好品德与习惯的学生为目标。当前,许多学校的德育内容依然是文明礼貌、爱国主义、集体主义教育等比较高深的内容。这些内容一方面没有遵循学生的年龄特征和成长规律,另一方面也没有随着学生的年龄增长和时代变化得到优化和提升。不同年级的德育内容千篇一律,更不利于提高学生德育学习的积极性。另外,大多数农村学校并没有改变传统的德育模式,德育途径和方法依然呆板,依然局限于校园,局限于课堂。德育课堂也缺乏互动性,存在严重的形式主义。教师依然通过黑板、粉笔传授德育知识,教学内容枯燥无味,这种脱离学生实践体验的空洞说教,令学生很难提起兴趣。学校、教师在对学生进行习惯教育时大多数只是点到为止,没有形成一套完整的方案,没有针对性的训练,更缺少对学生言行的监督,没有形成一个良好的行为习惯教育大环境。

三、对家庭教育、社会教育的重视不够,学生知行不一

很多有识之士强调:现代的教育观,就要强调学校教育、家庭教育和社会教育的结合,否则就是不完全的教育。只有把学校、家庭和社会三方面的教育力量协调起来,建立大教育观,才更有利于学生的培养。当前,农村的教育现状仍相对滞后,大部分家长缺乏对学生的养成教育。学校、家庭、社会的教育活动相对独立,没有形成很好的互动平台,一些活动没有发挥应有的作用,学校、家庭、社会的教育未能同步。学校从自身教育的角度,通过学科渗透、专题教育、制度约束、榜样示范、校园活动、校园文化等途径去培养学生的良好行为习惯,而对家庭教育和社会教育的力量重视不够,很多时候是学校、教师在单打独斗、孤军作战,没能充分发挥家庭教育、社会教育的重要作用。

根据知行统一的教育原理,学校应当组织、引导学生积极参加各种实践活动,引导学生把在课堂上获得的思想认知、道德观点、理想信念等转化成为自我需要、自觉行动。教师在检查和评定学生的思想品德时,既要听其言,更要观其行。但目前很多农村学校的校长、教师,甚至教育主管部门的行政领导,由于担心学生的安全,即使在校内也不敢开展形式多样、丰富多彩的教育活动,更谈不上把德育教育引向家庭,引向社会,从而让学生在具体的实践中体

验、感悟，并逐渐把认知内化为自律、逐渐形成习惯。因此，农村小学生往往在思想道德的认知和践行上不一致。

社会环境对小学生成长的负面影响

"孟母三迁"的故事，大家耳熟能详，环境育人也早有共识。社会环境对学生身心发展的不良影响，除了来自家庭外，更多的是来自社会。随着现代社会的高速发展，生活节奏加快，不健康的社会因素也在日益增多：黄赌毒泛滥；充满暴力、色情的音像制品、书刊和计算机游戏软件充斥市场，拜金主义、享乐主义的腐朽生活方式大行其道；见利忘义、唯利是图、坑蒙拐骗、以权谋私、权钱交易、贪污受贿等诸多社会不良行为诱惑着纯真的学生。这些因素容易使学生迷失人生方向，缺乏进取心，不利于其形成良好的道德情操与健康人格。

一、图书市场监管不严，不利于小学生良好习惯的养成

中国教育学会副会长、苏州市副市长朱永新教授说过："一个人的精神发育史，实质上就是一个人的阅读史；而一个民族的精神境界，在很大程度上取决于全民的阅读水平。"在提倡全民阅读的大背景下，我国图书市场近年来空前繁盛，少儿读物出版数量大幅度增加。据2013年9月17日《新华日报》刊登贾梦雨的《莫让少儿读物"少儿不宜"》一文显示：全国581家出版社中，有523家出版少儿读物，从2007年的10460种增至2013年的31059种，每年增幅40%以上，市场规模达50多亿元。伴随着小学生课外读物的日益丰富，图书市场的监管力度却没有相应增加，因而课外读物的质量良莠不齐，色情、暴力、成人化现象十分严重，在一些小学生课外读物中甚至出现了权谋术、关系学，教学生怎样与同学拉关系，怎样讨好教师，等等。不良课外读物必然会误导小学生的言行，必然对小学生的健康成长带来伤害。

二、网络传播不良信息，阻碍小学生良好习惯的形成

随着社会的发展和科技的进步，网络已深入到人们生活的方方面面，学生越来越容易接触到网络。由于网络信息传播难以限制，导致网络中出现诸多色情、暴力的文字和图片等不良信息。一旦分辨是非和自控能力较弱的小学生接触到这些不良信息，将会对他们的身心健康造成巨大影响，严重阻碍小学生良好习惯的形成。

三、市场经济的追逐利益，导致小学生不良消费行为

在市场经济浪潮的冲击下，生产方式、经营方式、销售手段、就业渠道也呈现出多样化的局面。为了追逐利益，不良商家造假、卖假，不择手段进行不良竞争，诸如"三聚氰胺""毒奶粉""毒疫苗"等现象屡屡出现，给小学生的人生观、价值观和消费观势必造成很大的冲击。同时，由于小学生的消费心理不成熟，消费价值取向模糊，因而一些外来的消费观念易使小学生自身的消费价值观出现偏差。尤其在经济转型期的中国，在西方消费文化的侵蚀和诱导下，小学生很容易滋长攀比消费、及时享乐、超前享受、追仿明星等一些不良消费行为。

四、社会道德环境不理想，制约小学生良好习惯的发展

在现实生活中，整个社会人文道德环境却不尽如人意，道德领域出现诸多问题，如：许多成年人公共道德行为失范，在公交地铁上抢座、不讲秩序；在公共场所大吵大闹、随地吐痰、破坏公物；在旅游景点乱写乱画、随意攀爬照相等，丧失了最起码的道德良知和社会公德。近几年，多地发生了老人倒地无人敢上前帮扶的现象。据报道，2015年5月19日，攀枝花市五年级小学生代凤燃主动搀扶一位摔倒的老人，反而被摔倒的老人讹诈，幸好有路过的目击证人为她力证清白。时隔多日，代凤燃心中仍很困惑："以后遇到摔倒的老人，究竟该不该扶？应该怎么扶？"毫无疑问，这样的经历会极大地伤害小学生纯真的心灵，严重制约他们良好习惯的发展。

第四章

培养农村小学生良好习惯的策略

《三字经》曰:"人之初,性本善。性相近,习相远。苟不教,性乃迁。"实际上,每一名学生都想成为好学生,都想拥有良好习惯。当前,很多学校、教师、家长都已经开始重视学生的良好习惯培养,可效果却不尽人意。究其原因,主要还是在培养学生习惯方面,缺乏一套科学有效的教育方法。

美好人生从**良好习惯**的培养开始

知行统一

《国家中长期教育改革和发展规划纲要（2010-2020年）》指出："注重知行统一。坚持教育教学与生产劳动、社会实践相结合。"知行统一，是马克思主义认识论、实践论的基本要求。知是行的基础，行是知的目的和归宿。

中国古代有不少教育家虽然对教育目的、任务持有不同见解，但是都重视知行统一的原则。

孔子要求弟子"讷于言而敏于行"（《论语·里仁》），认为"言而过其行"（《论语·宪问》）是可耻的。

墨子提出"强力而行"的主张，认为"士虽有学，而行为本焉"（《墨子·修身》）。

南宋诗人陆游作《冬夜读书示子聿》："古人学问无遗力，少壮工夫老始成。纸上得来终觉浅，绝知此事要躬行。"

明代著名的思想家王阳明认为"知主要指人的道德意识和思想意念，行主要指人的道德践履和实际行动。因此，知行关系就是指道德意识和道德践履的关系，也包括一些思想意念和实际行动的关系。"在知与行的关系上，他还强调二者互为表里，不可分离。知必然要表现为行，不行则不能算真知。

以上，均反映了古代教育家注意行为实践的思想。

毛泽东同志曾用中国哲学范畴对认识和实践统一理论进行概括。1937年，他在《实践论》中把马克思主义哲学关于认识和实践统一的理论总结为：实践、认识、再实践、再认识。这种形式，循环往复以至无穷，而实践和认识之每一循环的内容，都比较地进入了高一级的程度。

可见，知行统一已成为德育主要原则之一。它要求在社会主义思想品德教育中既重视系统的理论教育，又注意组织学生的行为实践，使学生具有言行一致的高尚品质。

心理学认为"人具有先天的优良潜能。教育的作用在于使人的先天潜能得以实现"。良好习惯的培养以学生为本，是学生探索、认识、肯定和发展自己的一种方式。学生掌握知识技能的同时，逐渐自然习得，是一个创造的过程。它着眼学生现在，关注学生未来。

实践证明，以下的两种教育方法就能很好地培养学生的良好习惯。

一、妙用故事，知行统一

学生以形象思维为主，认知具有很强的形象性，易受情景暗示，情感易受具体事物的支配。学生是最富有情感的，当他们的情绪被唤起后，又容易将自己的情感移入所感知的人、物、事件或景物上，这样通过物化，加速了道德情感的迁移，自然而然地受到教育。

童话故事给学生提供了丰富多彩的道德形象，让学生爱学习、爱模仿，会潜移默化地受到教育。故事能启迪学生的心灵。每则积极有益的故事，都包含着深刻的道理，更能培养学生的良好习惯。小学语文、品德与社会、道德与法治等学科教材中有不少童话、寓言、英雄人物的故事等，都是学生非常爱听的。教师在教学中要引导学生以领袖、英雄模范、先进人物为榜样，分析其行为表现，并深刻剖析其思想境界，使他们的道德观念具体化，从而入其心、信其行、效其行。因此，在分析这些作品时，要积极引导学生感受这些人物伟大的精神力量和人格力量，久而久之，使学生辨别是非曲直、真善美丑，培养形成正确的人生观、价值观、审美观。例如，《雪孩子》中可爱、善良、关键时刻舍己救人的雪孩子；《司马光》中冷静果断、机智过人的司马光；《父亲和鸟》中知鸟、懂鸟、爱鸟的父亲；《画家和牧童》中敢于提出质疑的牧童和乐于接受批评的画家；《称象》中爱动脑筋的曹冲；《难忘的一天》中和蔼可亲的邓小平爷爷；《动手做做看》中勇于实践的伊琳娜；《两弹元勋邓稼先》中身先士卒的邓稼先，这些作为榜样出现在教材中的人物，对于模仿性较强的小学生而言，是十分具有导向性的。教材中的榜样人物体现出的价值内涵传承了中华民族的优秀传统，如热爱祖国、无私奉献，团结合作、谦虚宽容，勤学敬业、勇敢坚毅，勤劳朴实、热爱生活等。无论是哪一种模范角色，其所反映的精神都传承了中华文化的优秀传统，对小学生良好习惯的养成是十分有利的。

二、实践体验，感悟内化

学生的认知只有成为自觉行动的需要，并最终体现在行动上才算是真正的知，才能形成习惯。因此，选择课堂表演、角色内化的方式，符合学生活泼好动、喜欢表演、善于模仿的特点，能收到较好的教育效果。教师尽可能根据教材灵活选用体验的方法。例如，在学习三年级上册《道德与法治》的《生命树》一课后，要培养学生的劳动观念和生活自理能力，学会理解别人、体谅别人、尊重别人，并布置适当的家庭实践作业，如做一些力所能及的家务，为家长捶捶背、洗洗脚、跟家人聊聊天；在教授语文课《桂林山水》中，教师带领学生领略了桂林美丽的景色后，就要让学生课后观察家乡的美景，如本地的白马山、天下第一大石——大斑石、杏花十二座等绮丽风光，及时激发学生热爱家乡、热爱祖国、热爱大自然的感情；在小学二年级品德与生活课《节约用纸》的教学中，教师可以指导学生对人们每天用纸的情况及废纸的处理进行一系列的调查活动，从而让学生明白节约用纸的意义，自觉节约用纸，进而保护树木、森林，保护自然环境。

在组织课外活动时，教师可以让学生通过询问家人淡水资源状况以及开展家庭用水习惯调查，然后通过观看淡水资源宣传片让学生了解我国水资源的匮乏。通过此次调查探究活动，学生不仅了解到我国是一个淡水资源匮乏且人口众多的国家，水资源尤为珍贵，认识到节约用水的重要意义和紧迫性，还增强了环保的意识和行动自觉性，也有利于提高学生分析问题和解决问题的能力，从而进一步提高学生的知行统一能力。

天下第一大石——杏花大斑石（之尚传媒摄影）

杏花镇水斗村伍氏大宗祠（之尚传媒摄影）

三教结合

三教指学校教育、家庭教育和社会教育。《国家中长期教育改革和发展规划纲要（2010-2020年）》提出："要发挥家庭教育重要作用，将德育渗透到家庭教育和制订家庭教育法。"《人民教育》杂志社总编、中国家庭教育学会副会长傅国亮认为："学校教育、家庭教育和社会教育共同构成了现代教育的主要内容，也叫作大教育观。现代教育观要强调学校教育、家庭教育和社会教育的紧密结合，否则就是不完全的教育。""这三种教育各自有各自的教育的特点、内容和体系。我们要找到它们结合的内容和结合的方式。""这个教育体系核心是什么？这个教育体系的核心可以简单地说就是合力育人。三教形成合力共同培养未成年人，来培养下一代。"

学校作为国家委托的专门育人的机构，在三教结合中要充分发挥主导、协调、沟通、联动的纽带作用，要整合各方教育力量，共同营造一个良好的育人环境。

一、学校教育

1. 改革内容,创新模式

学校是形成、传播和培养学生良好道德品质的地方。学校对学生良好道德品质、行为习惯的形成有着导向与激励、约束与调适、凝聚与辐射的重要作用。所以,学校要突破原有的、传统的德育观念,摒弃应试教育唯分数、唯升学的思想,坚持素质教育,把立德树人作为根本任务;要改革德育内容,创新德育手段和方法,把立德树人融入思想道德教育、文化知识教育、社会实践教育各个环节;把社会主义核心价值观教育融入教育全过程,深入开展理想信念教育、爱国主义教育、中华优秀传统文化教育和革命传统教育,引导和帮助学生把握好人生方向,"扣好人生的第一粒扣子"。

(1)要转变传统的德育观念。长期以来,农村学校中都以培养老实听话的好学生为目标,要求他们听从教师的安排,严格按照教师的要求完成各项学习任务。这样的教育观培养出来的是标准化、机械化的"流水线工人",并不是基于以人为本的教育理念培养的适合新时代发展需要的人才。道德教育一定要以培养独立自主、自强不息、乐于助人和有远大理想、有道德修养、有良好习惯的优秀学生为目标,并遵循贴近学生学习实际、生活实际和交往实际的育人原则。

(2)教育内容要有针对性。习惯教育要想取得良好的效果,就必须根据学生的年龄特点、心理特征确定每个年级、各个时期养成的习惯目标。不同年级的习惯教育内容、养成要求既要有共性又要有个性,在养成教育过程中要重视个性,不能千篇一律。

(3)要创新德育模式。大多数学校的德育模式较为传统,德育途径和方法依然呆板,教师授课不重视方式的互动性、生动性和有效性,在课堂上只是照本宣科,或者通过黑板、粉笔传授德育知识,教学内容枯燥无味,学生很难提起兴趣。因此,小学德育教学一定要灵活有效,要切合学生的心理、情感和认知特点,要和学生的生活实际紧密结合,不能简单地让学生死记硬背。否则,会使学生感到反感,不愿意去接受说教,更不愿意在实际生活中践行优良道德行为。学生喜欢生动活泼、贴近生活的课堂模式,喜欢教师用PPT、影音制作等现代化教学手段和游戏、表演、操作、实践等教学方法来授课与学习。而课堂也不仅仅是局限在教室和操场,公园、敬老院等也是很好的授课场所,教师应恰当地利用身边的这些场景，为学生营造更好的课堂氛围。另外，学生毕竟年龄小，一些大道理一时还是很难被接受，一些不良习惯有时还是会出现。这个时候，教师就要适当采用一些奖罚的办法进行鞭策与激励。例如，学生做了好事，教师就要给予奖品或表扬；做了错事或坏事，教师就要给予一定的惩罚或批评，让学生从小意识到什么可为、什么不可为，有助于学生良好习惯的形成。

2. 常规教育，点滴做起

事物的变化都是从小到大，由少到多，由量变到质变逐渐形成的。良好习惯也不是一夜之间能够养成的，需要一个从认识到实践的不断反复、日积月累的过程。因此，习惯教育应该从日常行为的点滴教育做起，如禁止随地吐痰、不乱扔垃圾、爱护红领巾、爱护公共设施、不抄袭作业、语言文明等。

无规矩不成方圆。要培养学生的良好习惯，首先还得让学生了解良好习惯的相关知识，知道具体内容、要求是什么，学生不仅要知其然，更要知其所以然。

二年级学生好习惯养成一览表

项目	内容
学习习惯	1、每天预习半小时。 2、独立完成作业。 3、认真听讲。 4、自觉阅读课外书。
生活习惯	1、自己能做的事情自己做。 2、吃饭不挑食。 3、早睡早起。
交友习惯	1、不与陌生人交往。 2、不欺负比自己小的同学。 3、同学间要相互帮助。
健康习惯	1、早晚刷牙。 2、饭前便后要洗手。 3、不买小摊食品。 4、每天锻炼身体一小时。
行为习惯	1、会用礼貌用语。 2、按顺序上下车。 3、爱护花草树木。
其它习惯	1、学会感恩。 2、随手关灯和水龙头。

学生好习惯一览表

学校要通过国旗下讲话、红领巾广播、黑板报、校刊等方式对良好习惯的相关知识进行宣传。各班以班队活动、晨会活动组织学生学习、理解《中小学生守则》《小学生礼仪常规》《社会主义核心价值观》等内容，也可以通过制订班级公约、班训设计评比、开展主题班会等形式，让学生认识到良好习惯在一个人成长中的重要性，提高培养良好习惯的意识和自觉性。同时，还可以设计各班特有的班级口号，如"关注自己一言一行，创建你我美好家园""让健康与我们相随、让安全与我们相伴、让文明与我们相拥""安全——唱响生命之歌、文明——点燃心灵之窗"等。

3. 学科渗透，养成无痕

课堂既是学习知识的地方，也是德育渗透的地方，更是习惯教育的阵地。除了思想品德外，语文、数学、英语、科学等学科教材中蕴含着丰富的德育资源，也是习惯教育的重要资源。因此，各学科教师要充分地挖掘教材中所蕴含的丰富的德育资源，在和教学目标有机地相结合的基础上，再适当地对学生进行思想道德、良好习惯等教育。

学科渗透的德育内容、习惯养成内容要切合学生的年龄特点，并根据各年级的德育目标来选择。

小学低年级渗透的德育内容是：教育和引导学生热爱中国共产党、热爱祖国、热爱人民，爱亲敬长、爱集体、爱家乡，初步了解生活中的自然、社会常识和有关祖国的知识，保护环境，爱惜资源，养成基本的文明行为习惯，形成自信向上、诚实勇敢、有责任心等良好品质。

小学中、高年级渗透的德育内容是：教育和引导学生热爱中国共产党、热爱祖国、热爱人民，了解家乡发展变化和国家历史常识，了解中华优秀传统文化和党的光荣革命传统，理解日常生活的道德规范和文明礼貌，初步形成规则意识和民主法治观念，养成良好生活和行为习惯，具备保护生态环境的意识，形成诚实守信、友爱宽容、自尊自律、乐观向上等良好品质。

为此，各学科教师要重视课前投入，深入钻研教材和课程标准，理解编者的意图，从教材中提炼出本课的德育内涵，找准习惯教育内容的渗透重点和切入点。有了重点，就能在备课、讲课、作业布置等一系列教学环节中有的放矢，避免盲目性和随意性。在教学中就能把握住机会，进行合理渗透，提高渗透的效率。学生在学习本学科知识的同时，接受品德教育、习惯教育的洗礼，良好习惯的养成也就水到渠成了。

4. 示范教育，榜样引领

示范教育，通常指的是有目的的以教育者的示范技能作为有效的刺激，以引起被教育者相应的行动，使他们通过模仿有效地掌握必要的技能。示范教育是教育的一种基本方法。示范教育也是自古以来世界各国学校道德教育推崇的原则和方法。著名思想家、教育家孔子说："其身正，不令而行；其身不正，虽令不从""君子之德风，小人之德草；草上之风，必偃"，含有示范教育的意思；西汉扬雄说："师者，人之模范也"，直指示范教育是教育者应承担的天职。在西方，黑格尔说："教师是孩子心目中最完美的偶像。"加里宁说："教师的世界观，他的品行，他的生活，他对每一现象的态度，都这样或那样地影响着全体学生……可以大胆地说，如果教师很有威信，那么这个教师的影响就会在某些学生的身上永远留下痕迹。正因为这样，一个教师也必须好好地检点自己，他应该感觉到，他的一举一动都处在最严格的监督之下，世界上任何人也没有受着这样严格的监督。学生几十双眼睛盯着他……"可以想象，学生任何时候都感受到教师的工作态度、道德信仰和行为习惯。教师的人生观、情感、品行及教态，都会对学生产生潜移默化的影响。因此，示范教育，在小学教育阶段显得尤其重要。

（1）教师要发挥示范作用。教师的一言一行、一举一动，都给学生以潜移默化的影响。"学高为师，身正为范。"习近平总书记说："广大教师要做学生锤炼品格的引路人，做学生学习知识的引路人，做学生创新思维的引路人，做学生奉献祖国的引路人。"作为学生成长的引路人，教师应该充分认识到自己的言行对学生的影响，从高、从严要求自己，加强自身的修养，成为学生行动的楷模。教师应当学会在教学的实际活动中，身体力行，发扬榜样和示范作用，以良好的人格形象、品质习惯，教育和影响学生。所以，在对学生进行养成教育之前，教师自己应该有良好的行为习惯，其目的是通过自身言行去感染、熏陶学生。例如，在遵守课堂教学的纪律上，教师要端正自身的工作态度，准时甚至提前到达教室，上课不迟到、不早退；在交往礼仪上，教师要着装得体，严于律己，宽厚待人，举止文明，从而充分发挥榜样和示范作用。

（2）学生标兵要发挥引领作用。学生之间的榜样作用是超出预想的。学生都具有上进心，都不甘示弱，别人能做，他觉得自己也能做。教师可以利用这点，积极发挥作用。教师要培养学生的兴趣，根据兴趣因人而异，对症下药。同时，学校或班级可以对行为习惯表现特别好的学生评选"行为标兵、节约标

兵、文明之星、礼仪之星、行善之星"等。这既是对表现突出的学生一种肯定,又能激励表现较差的学生奋进。

近年来,杏花镇中心小学就很重视榜样示范教育。通过评比仁里之师(有理想信念、有道德情操、有扎实学识、有仁爱之心的"四有"好教师)、仁里之星(礼仪之星、阅读之星、感恩之星、行善少年、雷锋少年等)的活动,为学生树立榜样,通过榜样的表率作用,使学生良好行为习惯的养成教育变得"可见、可学、可仿、可行"。

表彰大会

仁里之星简介

5. 顶层设计，系统引领

学校教育是一个系统的育人工程，对学生的习惯教育不能局限于课程、活动的狭小空间，而要考虑所有的育人因素，充分发挥环境育人、课程育人、活动育人、全员育人的功效，这就要求学校要做好学校发展的顶层设计，用优良的学校文化指引教师如何育人，指引学生如何成长。

自2015年9月来到杏花镇中心小学工作后，我为学校做了顶层设计《书香润泽 仁智并育》，该方案荣获广东省中小学特色学校创建优秀方案二等奖，这对于一所农村学校能在全省300多个方案中获此殊荣也是少有的。

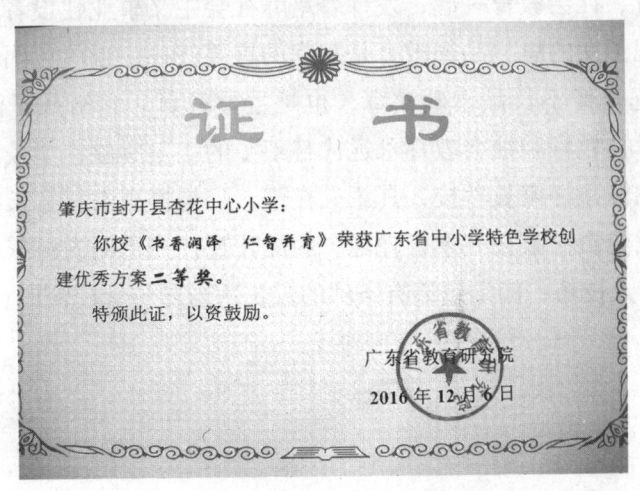

二、家庭教育

家庭教育是整个教育的基础，在个人发展和社会进步中有着重要的地位。家庭是社会的基本单位，抚养和教育未成年人成长、成才是家庭的重要职责。家庭教育主要以言传身教、情境影响为主，比学校教育、社会教育更具有感染性和潜移默化的优势，在学生的教育中起重要的作用。"泰山不拒细壤，故能成其高；江海不择细流，故能就其深。"在培养学生的良好习惯过程中，家庭教育的有些细节，看似无足轻重，但对学生的行为却有着深远的影响，不但会影响其今后的学习和生活，甚至会影响良好道德品质的形成。不良的家庭环境、不良的家长嗜好无疑对自控力差的学生产生极大的诱惑和影响，致使许多不良习惯很快形成，并在学生中蔓延。因此，家庭要为学生提供良好的受教育环境和成才条件。

1. 家校结合，优势互补

《国家中长期教育改革和发展规划纲要（2010-2020年）》指出："注重品行培养，激发学习兴趣，培育健康体魄，养成良好习惯。""充分发挥家庭教育在青少年成长过程中的重要作用，帮助子女养成良好习惯，促进学生健康成长。"学校教育是家庭教育和社会教育的导向和枢纽，它受国家、社会的委托，是专门培养教育人的场所。家庭是社会有机体的细胞，家庭是学生的第一所学校，家长是学生的第一任教师，因而家庭教育是整个教育的基础，家庭教育与学校教育、社会教育一起，发挥着培养社会主义事业建设者和接班人的重要作用。重视子女的思想品德教育是家庭的首要任务。近代英国教育家洛克曾说过："家庭教育不仅是基础教育，也是主导教育。它给孩子深入骨髓的教育，是任何学校教育和社会教育永远代替不了的。"所以，学校在抓好日常教育的同时，积极办好家长学校，其意义在于：一是提高农村家长对家庭教育的认识；二是改变农村家长"重智轻德"的成才观；三是向农村家长传授必要的育人知识、育人技巧；四是邀请有条件的家长适当参与学校管理。

家校共育交流会

2. 榜样示范，力量无穷

每位家长都有"望子成龙，望女成凤"的期盼，但是成才光靠孩子的努力还是不够的，学校教育固然重要，但是家庭教育也不容忽视。有的家长生怕孩子遗忘，整天对着孩子絮絮叨叨，效果却并不明显，有时还会适得其反。其实，孩子是看着家长的背影长大的。家长做了什么，远比他们说了什么更重要。孩子最容易接受形象的教育，而不是抽象的教育。作为孩子最信赖、最亲近的家长，他们自身的榜样力量是无穷的。

家长要给孩子做好榜样，严格要求自己的一言一行，努力提升自己的道德修养，孩子会在日常的耳濡目染中，慢慢地受到家长的熏陶，也成为具有良好

道德品质、良好习惯的人。例如，在公交车上看到残障人士乘车，家长要和孩子一起上前帮忙搀扶；当公交车上没有空余座位的时候，主动给有需要的人或长者腾出座位。在这样潜移默化的点点滴滴中，孩子自然就养成了良好的行为习惯。因此，家长要充分发挥榜样示范的作用，用良好的品德修养、行为习惯来引领孩子养成良好习惯。

3. 营造氛围，习惯熏陶

"人之初，性本善；性相近，习相远。苟不教，性乃迁；教之道，贵以专。昔孟母，择邻处；子不学，断机杼。"说明一个人的行为，出于人性，但也会因周围环境的不同而改变。"孟母三迁"的目的也无非是想寻找一个良好的教育环境。可见，营造一个家庭文明的环境氛围对一个人的成长是多么重要。

营造家庭良好的文明氛围，要注重提高家长自身、亲戚和朋友的整体素质，家庭成员交友须谨慎，要尽量减少与品行不良的人来往，更不要把品行不良的人带到家里面来。同时，家人要互敬互爱、和睦相处，不能在孩子面前恶语相向、互相争吵，甚至大打出手。日常发现，部分学生因为受到家人甚至邻居的行为的影响，在学校里辱骂同学，甚至会使用暴力殴打同学，给同学造成伤害的同时，其自身道德行为也受谴责或处罚，这也阻碍着学生道德素养的提升和良好习惯的形成。因此，家长要尽量给孩子营造一个和睦、温馨、文明的家庭氛围，引导孩子形成良好的道德品质和行为习惯。

4. 家庭教育，以理服人

周总理曾经说过："与人说理，须使人心中点头。"家长在教育学生，培养其好习惯的过程中，一定要注意以理服人。实践证明，以朋友的身份和用温和的建议与孩子沟通，有助于促进家长与孩子之间的思想交流和感情的沟通，避免"棍棒加拳头"式简单粗暴的教育方式，从而使孩子尊重家长、信赖家长，自觉自愿地接受家长的教育。这样，才能达到让孩子"心中点头"的效果。例如，家长教育孩子不要随地吐痰，但如果孩子做不到，又或是做了违背道德规范的事，如果家长厉声打骂，孩子只会心里难过，却并不一定明白自己错在哪里。若是家长可以细声细语地对孩子讲道理，孩子基本上是可以从心里愿意接受家长的教导，并可以较好地改正错误的，这样岂不是更能达到教育的目的吗？

三、社会教育

社会是未成年人受教育、成才的大学校和大环境。和谐健康的外部环境对于学生来说至关重要。古语有云："学坏三天，学好三年。"过去，人们普遍认为家庭教育和学校教育是影响小学生成长的两大主要因素。但如今却发现，随着社会经济的发展，当今社会黄赌毒泛滥、假冒伪劣蔓延、封建迷信复活、见利忘义、唯利是图、坑蒙拐骗、以权谋私、权钱交易、贪污受贿、诚信缺失等等不良现象时有发生，小学生接触的网络、媒体信息越来越多，越来越杂，这些社会负面现象对于分辨是非能力还不强的他们必然会产生严重的不良影响，使他们在面对多种选择时，往往稍有不慎就会误入歧途，这对他们良好道德的形成造成诸多负面影响。因为，他们从中获得的许多不良信息是家长和学校从未传授过的。

党的十七届六中全会通过的《中共中央关于深化文化体制改革、推动社会主义文化大发展大繁荣若干重大问题的决定》指出："全面加强学校德育体系建设，构建学校、家庭、社会紧密协作的教育网络，动员社会各方面共同做好青少年思想道德教育工作。"《国家中长期教育改革和发展规划纲要（2010-2020年）》指出："充分发挥家庭教育在青少年成长过程中的重要作用，帮助子女养成良好习惯，促进学生健康成长。""树立系统培养观念，推进大、中、小学有机衔接，教学、科研、实践紧密结合，学校、家庭、社会密切配合，加强学校之间、校企之间、学校与科研机构之间合作以及中外合作等多种联合培养方式，形成体系开放、机制灵活、渠道互通、选择多样的人才培养体制。"

1. 发挥社会志愿者作用

社会对于学生而言，是培养热爱祖国、热爱人民、关心他人、勤奋工作、诚信待人等高尚品德和社会责任感以及良好习惯的大课堂。学校要密切联系各级关心下一代教育工作委员会并充分发挥其优势，让广大家长、司法民警、"五老"同志、返乡大学生等社会志愿者有计划地到学校开讲座、做报告，组织各种实践教育活动，与教师共同探讨当前小学生思想道德教育的方式方法，共同办好家长学校，营造学校、家庭和社会三位一体的教育氛围。

感恩教育

留守儿童座谈会

好人事迹报告会

志愿者参与活动

2. 发挥校外教育基地效能

认真开掘本地区的优良文化传统、革命传统、自然环境、历史人文等方面的德育因素，积极引导学生参与社会实践教育活动，在实践体验中内化于心，外化于行。比如，我们杏花镇水斗村历史悠久、人才辈出、家风家训优良，是引导学生立德修身、立志成才的好教材。通过定期组织学生进行校外活动，如参加新农村建设大扫除、植树，参观水果种植、家禽饲养基地，走访革命老人，慰问孤寡老人等活动，让他们到更广阔的天地里学习、锻炼，感受来自社会、来自传统的积极教育因素，使他们从小树立远大理想，培养他们博大的胸怀和社会责任感、使命感。久而久之，就会促进他们良好的思想道德、行为习惯的形成。

德育基地教育活动

美好人生从**良好习惯**的培养开始

退休教师主讲家训学习

3. 净化文化市场

目前，我国文化市场提供的影视作品和书籍虽然数量、类型众多，但是良莠不齐，质量不尽如人意，对小学生形成良好习惯产生负面影响。因此，学校、教育行政部门要争取国家相关职能部门的支持，加大监管力度，从严要求。要对文化市场进行规范化清理，彻底地清理一些黄色、暴力、无营养、不利于培养学生核心价值观、提升道德素养、养成良好习惯的影视作品和书籍。与此同时，学校、家庭也要多为小学生推荐有营养和有价值的影视作品和书籍，要基于小学生的心理特征和喜好多提供一些革命题材、喜剧题材、励志题材、传统文化的影视作品和书籍，充分迎合小学生的心理，以便小学生更好地吸收接纳和提升自身的道德素养。低年级的小学生天真、好动、注意力不集中，对新奇的事物，总想看一看、试一试。学校就要求他们阅读《安徒生童话》《格林童话》《哈利·波特》《十万个为什么》《小兵张嘎》等。阅读时，他们可以借助书中的拼音识字，结合精美的彩图，走进美妙绝伦的童话世界和精彩有趣的故事情境。中、高年级的小学生已经认识大量文字并具有一定的阅读能力。学校就要求他们阅读《雷锋日记》、鲁迅的《朝花夕拾》、冰心的《繁星·春水》、吴承恩的《西游记》、施耐庵的《水浒传》、老舍的《骆驼祥子》、笛福的《鲁滨孙漂流记》、斯威夫特的《格列佛游记》等。学校要求小学生每周都要阅读规定的书籍，并要在阅读后进行积累、写书评，大量阅读有营养、有价值的图书对提升小学生道德素养和形成良好习惯极其有益。

4. 加强网络监管和引导

随着科技的进步与网络技术的发展，小学生与网络接触不可避免，受网络言论、黄色图文等不良信息的影响也越来越严重。由于网络是一个虚拟的空间，人们言论自由，毫无顾虑，再加上网络信息传播速度快，很多信息分秒之内世界皆知，给网络环境的监管和净化带来严峻的挑战。这些不良的网络信息很容易会误导大众，进而冲击小学生的认知，扭曲他们的道德观念，给他们的身心健康造成严重伤害。因此，在网络技术高度发达的今天，职能部门必须想方设法加强网络的监管和引导，引导网络舆论向维护社会公平正义方向发展，从而使网络环境中有更多阳光、积极的健康信息，为小学生带来更多的正能量，为他们的健康成长和发展保驾护航。

四、实践活动，巩固提高

美国学者罗杰斯认为"人皆具有先天的优良潜能，教育的作用在于使之得以实现。"良好行为习惯的培养正是以学生为本，是学生探索、认识、肯定和发展自己的一种方式，是学生在掌握知识技能的同时逐渐自然习得的，是一个创造的过程。

我国南北朝时期的教育家颜之推提出了"勤学、切磋、眼学"，说的就是学习要勤于观察，亲身体验。

正如荀子所说："不闻不若闻之，闻之不若见之，见之不若知之，知之不若行之。""闻之而不见，虽博必谬；见之而不知，虽识必妄；知之而不行，

虽敦必困。"

毛泽东同志在《实践论》中把马克思主义哲学关于认识和实践统一的理论总结为：实践、认识、再实践、再认识。这种形式，循环往复以至无穷，而实践和认识之每一循环的内容，都比较地进到了高一级的程度。

英国前首相丘吉尔曾在他写给儿子的信中写道："你应该养成好习惯，因为好习惯会构成人的性格。""优秀品质的形成是有意识地付出一次又一次努力的结果，它需要经过大量的实践直到变成一种习惯。"

近代英国教育家洛克在其《教育漫话》中说道："儿童不是用规则教育就可以教育好的，规则总是被他们忘掉。你觉得他们有什么必须做的事，你便应该利用一切时机，给他们一种不可缺少的练习，使之在他们身上固定起来。这就使他们养成一种习惯，这种习惯一旦养成以后，便不用借助记忆，很容易地、很自然地发生作用了。"

可见，一种好习惯的形成离不开它的载体——实践活动。

因此，小学生良好习惯的养成教育，要通过各种渠道、各种形式的活动来潜移默化的渗透、熏陶，以达到强化、巩固的效果。教师也要十分重视活动过程中学生行为信息的反馈工作，及时帮助学生明辨是非，矫正不良行为。例如，可以让学生与家长进行位置互换，让学生体会家长的艰辛。这样有利于小学生从小懂得感恩，培养他们的责任感，使他们在以后成长的道路上肩负起自己应负的责任。再如，我们杏花镇中心小学近年来开展的"十个一"实践教育活动：每天坚持一个小时的体育锻炼；每天做一件家务劳动；每天做一件善事；每星期讲一个传统美德小故事；每星期做一件尊老爱老的好事；每星期背诵一篇经典诗文；每月读一本好书；每月看一部优秀影视片；每学期参加一次调查走访或公益小活动；每学期给教师、家长写一封感恩的信。实践证明，"十个一"活动，可以让学生在日常生活实践中受到熏陶，有所感悟，促进其道德品质的内化和道德习惯的形成。

培养习惯"六步曲"

知是行的基础,行是知的目的和归宿。对任何事物的认识都要经历"实践、认识、再实践、再认识"循环往复的过程。而实践和认识之每一循环的内容,都比较地进到了高一级的程度。同样道理,学生良好习惯的养成也要经历这种循环往复、循序渐进的过程,并不是一蹴而就的。因此,培养小学生的良好习惯,一般来说要经历"六步曲"。

一、强意识

知是行之始,行是知之成。著名教育家叶圣陶指出:"心里知道该怎样,未必就能养成好习惯。""要让学生怎样去做,才可以养成好习惯。"我们不但要通过说理灌输、讲故事、案例分析、参与实践等途径让学生切身感受到养成良好习惯对一个人的健康成长乃至成才的重要性,使他们从内心真心实意由"要我养成"变为"我要养成"。同时,还要让学生明明白白地知道,哪些习惯是好习惯,是需要养成的,该如何去养成;哪些习惯是不良习惯,是需要改掉的,要怎样去改掉。

二、定规范

无规矩不成方圆。要建立一个习惯,就要明确行为规范,让学生对养成某个良好习惯的具体标准清清楚楚。例如,南宋学者、理学家朱熹曾写了一篇启蒙读物《童蒙须知》,全文分衣服冠履、语言步趋、洒扫涓洁、读书写文字、杂细事宜等目,对生活起居、学习、道德行为礼节等均作详细规定。如"凡为人子弟,当洒扫居处之地,拂拭几案,当令洁净""凡读书,须整顿几案,令洁净端正""读书有三到。谓心到、眼到、口到。心不在此,则眼看不仔细。心眼既不专一,却只仅仅诵读,决不能记""凡为人子弟,须是低声下气,语言详缓,不可高声喧哄,浮言戏笑"。所以,在对学生进行习惯教育过程中,我们要重视并坚持与学生一起根据《中小学生守则》《公民道德建设实施纲要》和学校的规章制度，一起讨论制定行为规范，定家规，定班级口号，定班级公约、定习惯培养目标，一定要发动全体学生、家长、教师都参与进来通过共同协商，制定出目标一致的培养计划，两、三个月甚至半年培养一个习惯，不宜贪多求快。班规公约等一经制定，就要加强监督，督促学生认真执行，做到赏罚分明。

班级口号和公约

三、树榜样

列宁说："榜样的力量是无穷的。"一般来说，各个领域的杰出人物都有着影响他们成功的好习惯。比如，李嘉诚的勤勉、守时、节俭。他怎么勤勉？当推销员时，别人工作8小时，他却做16小时。他怎么守时？他的表都是拨快10分钟的。他怎么节俭？他可以弯下腰钻进车底寻找不小心掉下的一枚硬币。这就是好习惯。再如，普通歌手、爱心天使丛飞的俭朴与大爱。夫妻二人泡方便面当饭，省吃俭用，资助上百个山里娃圆了上学梦，自己却没有多余的钱治病，一拖再拖而英年早逝。还有，完成了世界上首次载人宇宙飞行的苏联宇航员加加林的严谨与惜物。他为什么从3400多名飞行员中脱颖而出，成为20名入选者中的一员？当时20个宇航员在培训，为什么加加林能脱颖而出？原来，在确定人选前一个星期，主设计师罗廖夫发现，在进入飞船参观前，只有加加林一个人把鞋脱下来，只穿袜子进入座舱。就是这个细节，赢得了罗廖夫的好感。罗廖夫说："只有把飞船交给一个如此爱惜它的人，我才放心。"学生最崇拜榜样，榜样的言行举止、处世为人无不影响着学生的人生观和价值观。在培养学生良好习惯教育中,我们要用各种方式评选榜样、树立标杆,让学生在培养好习惯时可学、可仿。

四、持久练

行为习惯一定要长期训练。美国心理学家拉施里的动物记忆试验研究表明:一种行为重复21天就会变为习惯动作,但只是初步养成一个习惯,需要90天的重复才会形成比较稳定的习惯。即使养成了稳定的习惯,如果条件改变了,习惯还会有变化。因此,习惯培养的特点是坚持、坚持、再坚持。教师、家长最好关注90天,前21天密切关注,甚至要督促,前3天最为关键,以后默默观察,偶尔督促就好。习惯培养有很多方法和手段,都可以积极尝试,但是要牢记:一个习惯的形成,一定要坚持训练21天到90天以上,而且中途还要进行必要的分析、评估、调整、引导等,这些都是不可或缺的环节。许多小学生自控力比较差,在好习惯形成过程中,或者在坏习惯克服过程中,容易出现反复、拖拉、敷衍、放任等现象,这就要求教师、家长进行严格的监督、自律和他律,发现一有偏离,立即作出调整。培养习惯,就像一个人走路一样,发现走的路线不对,需要及时调整到正确的轨道上去。久而久之,一条小路便踩出来了。否则,就会南辕北辙,适得其反。

五、及时评

小学生明辨是非和自我调控能力有限,在培养小学生良好习惯过程中教师、家长需要运用各种方式对学生的行为进行观察、评估、表扬、引导。有人这么说:鼓励、赞赏是教育成功的桥梁。教师真诚无私的鼓励、赞赏是激发学生积极性的最佳手段,是培养师生情感的重要途径,是教师工作的最高艺术。学生做得好,一定要及时地表扬、奖励。奖励的时候一定要迎合学生的良好兴趣。比如,学生喜欢看书,就奖励他一本名著,可以提高他的积极性。学生做得不好,马上指出不对的地方,并要求及时改正,必要时给予适当的惩罚。比如,学生没按时写作业就玩电脑了,可以在玩电脑后让他关禁闭或者取消带他出去玩一次的机会。总之,在评估学生习惯形成的过程中,要尽可能地想办法来强化好的行为,弱化坏的行为。当学生有了好的行为以后,适当鼓励或者奖励一下,定能增加行为发生的概率。

一日常规评比

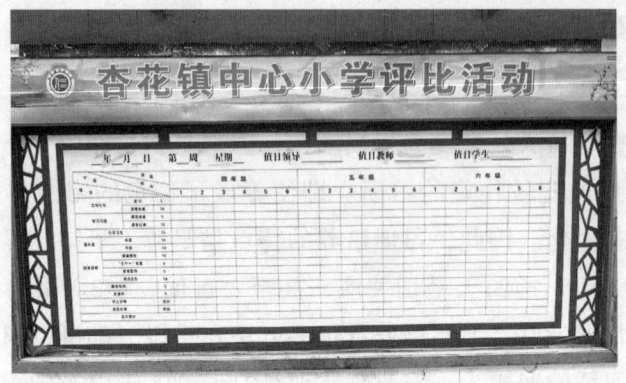

善行义举榜

大家排好队

谁的队伍好

六、造环境

环境育人已成共识。由于学生的成长环境不一样,有的学校学风优良,学生会积极向上;有的学校纪律涣散,学生陋习必然较多。有的家庭学习氛围浓厚,学生受熏陶很爱学习,培养读书习惯也容易;有的家庭毫无学习氛围,学生读书、写字时,家长照样打麻将、看电视、上网玩游戏,学生很难专心。好学生来自好教育。学校、家庭教育的一个重要方面就是环境教育,营造充满正能量的校园风貌和人文气息的家庭环境,塑造教师、家长自身的好品质、好习惯,是对学生最好的支持,是对学生最好的教育。平时,学校、班级、家庭里谁有好的行为,都会得到鼓励、支持、欣赏;谁有不良的行为,大家都会批评、帮助,这对一个人好的习惯的形成是非常有用的。

整个习惯培养过程中要注重激发内部动机,让学生体验到学习好习惯的价值和意义，循序渐进，一点一滴，六个步骤，逐一细化，长期实践，及时矫正，良好的习惯就养成了。

循序渐进

百尺高台，起于垒土。不积跬步，无以至千里。

从前，纪昌去拜箭法高手飞卫为师学习射箭。飞卫让他练好眼睛的基本功，纪昌回家看妻子织布，练就圆睁眼睛，一点也不眨。飞卫让他练把小东西看成大东西，纪昌把头发上的小虱子看成车轮，飞卫这才教他射箭。经过刻苦训练，纪昌成为百发百中的神射手。

孔子在《论语·宪问》中说："不怨天，不尤人。下学而上达，知我者其天乎！"朱熹注："此但自言其反己自修，循序渐进耳。"

可见，无论学习还是工作，都要按照一定的步骤逐渐深入或提高，最终才能成功。

一个人拥有的好习惯越多，他从学习、工作中获得的快乐就越多，积极性就越高，越乐于学习、工作，成功的机会必定大。但在培养学生习惯的过程中，要因材施教，量力而行，切忌过急贪多求快，几个习惯一起要求，学生很可能会不堪重负，从心理上、行动上产生排斥，反而不见效果。

1966年，美国心理学家曾做过一个试验：派人随机访问一组家庭主妇，要求将一个小招牌挂在她们家的窗户上，这些家庭主妇愉快地同意了。过了一段时间，又要求这组家庭主妇将一个不仅大而且不太美观的招牌放在庭院里，结果有超过半数的家庭主妇同意了。与此同时，又派人随机访问另一组家庭主妇，直接提出将不仅大而且不太美观的招牌放在她们的庭院里，结果只有不足20%的家庭主妇同意。这就是"登门槛效应"。

这一效应的基本内容就是由低要求开始，逐渐提出更高的要求。对人们提出一个很简单的要求时，人们很难拒绝，否则怕别人认为自己不通人情。当人们接受了简单的要求后，再提出较高的要求，为了保持认识上的统一和给外界留下前后一致的印象，心理上就倾向于接受较高要求。这一效应告诉我们，

在对学生提出要求时,要考虑他们的心理接受能力,过高的目标可能会吓到学生。①

成长需要一个过程,习惯的养成也不例外。从最简单、最基本的要求入手,学生接受度高,轻轻松松就能养成。例如,学生刚上学,可先培养放学后按时写作业的习惯,这件事情看似简单,但对于一个刚进校门的学生来讲,放下玩耍的愿望按时写作业,一点都不容易。做到一次,就是一个很大的成功,坚持下来就养成了习惯。接着就可以培养他作业专心、认真书写的习惯。再接着就是培养他细心检查、复习、预习的习惯了。每养成一个习惯,就具有了很强的自我约束力,他的意志毅力就会获得提升,更有利于养成下一个习惯。有些学生甚至能够自创一些适应自己的习惯。比如,哪一门学科成绩较差,就坚持每天多用一些时间来读、写、预习、复习;作业写累了,先出去打打球,回来再写等。

认真书写

---

① 木紫.《小学生学习习惯关键培养》.中国妇女出版社,2017年版,第7页.

培养习惯加减法

著名学者孙晓云总结出了培养习惯的基本方法——加减法。他认为：培养好习惯用加法，改正坏习惯用减法。想让学生养成什么样的好习惯，就千方百计让他不断出现好的行为，出现的次数越多，好习惯越牢。反之，想让学生改掉什么样的坏习惯，就给学生一个可以接受的过程，让他们慢慢地把坏习惯改掉。

用加法培养学生的良好习惯，主要在于强化巩固。例如，一个学生喜欢阅读，就让他管理班级图书角，为班上同学推荐好书，讲述书中的奇闻趣事，奖励他随时可以到学校图书室借书、看书，家里为他设置一个小书柜，时常添置他喜欢看的新书。长此下去，他的阅读兴趣和习惯必然陪伴终身。

用递减法减去学生的不良习惯，就像戒烟的过程。吸烟上瘾的人是很难一下子戒掉的。怎么办？目前市场上有一种戒烟的烟——电子烟。就有一部分戒烟的朋友用电子烟帮助自己戒烟，其原理是：吸烟上瘾是人对烟草中尼古丁依赖的缘故，电子烟使用的烟油成分是电子雾化液，通过电子雾化器加热，产生和香烟一样的雾气，它里面含有丙三醇等添加液以及含有尼古丁成分以此来更接近香烟的口感。戒烟时，慢慢减少电子烟烟油中的尼古丁含量，最后吸不含尼古丁的烟油，直到完全戒掉香烟。还有，现在的学生乱花钱，乱买零食，就是因为家长给的零花钱实在太多了。学生哪里抵挡得住五光十色、眼花缭乱的玩具、零食的诱惑？如果想戒掉他这个坏习惯，家长可以逐渐减少零花钱的数目，乱花钱的习惯定能逐渐改变，最终养成合理消费的好习惯。

附录

书香润泽 仁智并育
——杏花镇中心小学仁里教育的构想与探索

一、学校基本情况

杏花镇中心小学始建于1822年,前身为仁里书院,现为一所义务教育标准化学校,现有中心校1所、完全小学1所、教学点8个和幼儿园1所。小学在校生1701人,在园幼儿424人。教职工103人,其中本科学历77人,学历达标率100%。学校现有广东省特级教师1人,高级教师2人,一级教师92人,广东省新一轮"百千万人才培养工程"小学名校长培养对象1人,肇庆市拔尖人才1人。

杏花镇中心小学校本部坐落在杏花圩镇省道旁,占地面积30 360平方米,建筑面积11 685平方米,形成教学区、运动区、生活区三区分离的科学合理布局,有25个教学班,1144名学生和58名教职工。

杏花中心小学篮球场

杏花中心小学仁爱楼

杏花中心小学求真楼

杏花中心小学砺志楼

杏花中心小学和美楼

杏花中心小学群力楼

  多年来,在各级党政和教育行政部门的正确领导下,在社会各界及热心人士的关心支持下,经过全体师生的共同努力,学校得到不断发展,学校办学质量稳步提高,培育了一批又一批优秀人才:毕业的学生有的考入中国人民大学、中山大学等高等学府,有的成为大学教授,有的成为业余作家,有的成为国务院公务员和政商界的成功人士……

  学校先后被评为"封开县校园管理和建设示范学校""肇庆市一级学校""广东省义务教育标准化学校",2017年被评为"肇庆市文明校园""广东省基础教育研究实验基地学校",2018年被评为"肇庆市中华优秀传统文化教育特色学校(首批)""广东省青少年校园足球推广学校"。

二、学校文化的思考与确立

(一)"仁里教育"理念的由来

1. 学校发展的困局

2011年,杏花镇已通过广东省教育强镇督导评估,学校虽然在管理上已积累了一些经验,但在学校管理、教育理念、内涵发展等方面还欠缺经验,导致学校的发展停滞不前。

2. 学校发展的破局

2015年9月,学校重新调整领导班子后,深感学校要不断向前发展,办学理念需重新修订和完善,以增强全体师生的凝聚力、自信心和自豪感。

3. 仁里书院的启示

杏花镇历史悠久,文化底蕴深厚,享有"文化之乡"的美誉。从古至今,尊师重教在杏花镇蔚然成风。明嘉靖年间,杏花镇就开办有社学。清道光二年(1822),时任封川知县后任两广总督、四省(广东、山东、江西、浙江)巡抚的程含章在杏花圩边筹款兴建占地400多平方米的学堂,三进四合式硬山顶,镬耳山,琉璃檐,墙刻花,壁绘画,并亲笔题名"仁里书院"的门匾和楹联:"一里书斋,半里烟村半里市;十年心学,五年练气五年神""白马驮金榜,麒麟吐玉书""楼台今夜听春雨,书院明朝赏杏花"。书院祭祀孔子,期望孜孜学子勤奋读书,迈步青云。据史料记载,仁里书院自创办以来可谓人才辈出:光绪二十八年,科举考试,封川县按规定只录取成绩前10名的考生为秀才,结果10人中有5人来自仁里书院,且为伍氏的五个亲兄弟,当地人称之为"五子登科";民国时,有伍耀新、伍穗新两兄弟,哥哥考上燕京大学(即北京大学),毕业后到省立西江中学任教,弟弟考上中山大学,毕业后先后任封川中学校长、封川县县长、并当选国大代表;新中国成立后,有的学生考上中国人民大学、中山大学,有的攻读硕士博士,有的成为大学教授,有的成为业余作家,有的成为国务院公务员和政商界的成功人士……

仁里书院石匾、石墩

"仁里"一词出自《论语·里仁第四》。子曰:"里仁为美,择不处仁,焉得知?"孔子认为,居处在仁爱的邻居乡里中才是好的。居处不择仁,怎谈得上聪明智慧?"里者,民之所居也,居于仁者之里,是为善也"。

"仁"是中国古代一种含义极广的道德范畴,本指人与人之间相互亲爱。孔子把"仁"作为最高的道德原则、道德标准和道德境界。他第一个把整体的道德规范集于一体,形成了以"仁"为核心的伦理思想结构,包括孝、悌、忠、恕、礼、知、勇、恭、宽、信、敏、惠等内容。其中,孝悌是"仁"的基础,是仁学思想体系的基本支柱之一。

杏花镇中心小学的地理环境与深厚的文化历史底蕴,激发了我们提出仁里教育的研究与探索;古代书院崇德尚读,无一不洋溢着浓浓的书香之气,启迪我们提出"书香润泽,仁智并育"的办学理念,激励学生从小修身立德、友爱包容、求真向上,让自己成长为有仁爱之德、知书达礼、德才兼备的现代合格小公民。

(二)仁里文化的构建与解读

为秉承仁里书院遗风,结合现代教育的要求和学校发展的实际,我们初步构建起学校的办学理念体系,赋予仁里文化教育理念新的内涵。

1. 办学愿景

把杏花镇中心小学办成集"学园、乐园、幸园(杏园杏园,幸福家园)"于一体的"友爱和谐、自主合作、求真向上、书香浓郁"的现代化学校。

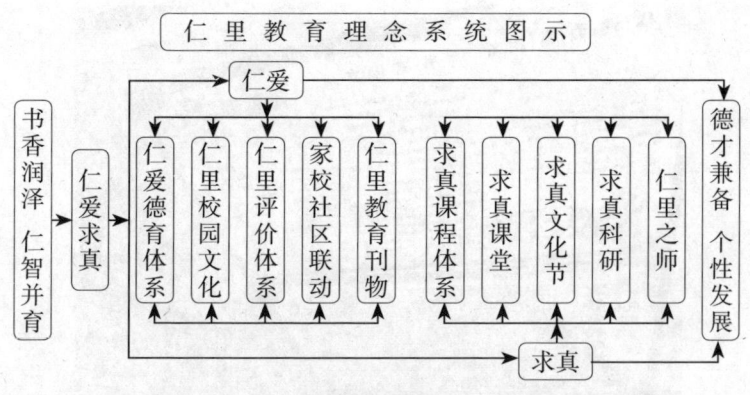

教育理念

2. 办学理念

书香润泽，仁智并育，为学生的健康成长奠基。让学生享受幸福的童年，让教师拥有成功的人生，在成就学生的同时成就教师的发展，在成就教师的同时成就学校的发展。小学教育是一个人成长最基础的教育。因此，我们应从两方面为学生的健康成长奠基。

书香润泽：一个不读书的人，一个不读书的民族，是没有希望的。苏霍姆林斯基曾说过："无限相信书籍的力量，是我的教育信仰的真谛之一。"中国教育学会副会长朱永新教授认为："一个人的精神发育史，实质上就是一个人的阅读史。"著名教育家叶圣陶则说："什么是教育？简单一句话，就是养成良好的习惯。"由此可见，教育意味着首先要培养学生的阅读习惯。

楼梯间读书角

楼梯间读书角

走廊读书角

　　仁智并育："仁"是儒家学派理论思想的核心，是著名思想家、教育家孔子的哲学思想的主体，"仁"的核心是"爱人"。智育，也是学校教育的一个重要组成部分。一个合格、健康的人才，应该是德才兼备、热爱生活、积极向上的人。我们智育的任务就是：向学生传授知识、奠定基础、启迪智慧、发展才能。

3. 校训：仁爱求真

"仁爱求真"出自不朽的经典和教育名人之言。

"仁爱"即是倡导人与人之间的亲善，"仁"是人之所以为人的根本。子曰："人而不仁，如礼何？"一个人、一所学校、一个群体如果没有仁爱的思想，何以进行礼乐的教化呢？仁爱是立校之根本。

"求真"语出近代教育家陶行知的"千教万教教人求真，千学万学学做真人"。求真即对客观世界本质的把握、对自然规律的探求，求真是崇尚真理、尊重科学，求真是教育的本意，求真是人类社会文明的传承与发展之路。

4. 校风：仁爱和谐，求真进取

"仁爱"是修身立德的最高境界，人与人之间只有互相尊重、互相谦让、守望相助，关系才能和谐。充满仁爱之心的校园必定是和谐的、快乐的、幸福的校园。"求真"是我们修学的初心，"进取"是为学者应有的精神。

5. 教风：厚德敬业，合作创新

"厚德""敬业"是新时代广东精神和社会主义核心价值观之一，是为师者必具的品质。"合作"是现代人工作的前提，"创新"则是教育事业乃至一个民族进步的灵魂，是一个国家兴旺发达不竭的动力。

6. 学风：勤奋好学，团结互助

子曰："敏而好学，不耻下问。"颜真卿则感叹："黑发不知勤学早，白首方悔读书迟。"真正的大学问家都是精益求精，活到老学到老。"一个篱笆三个桩，一个好汉众人帮。"只有团结互助，才有共同进步。

7. 校徽

由杏花仁里书屋的志愿者及校友团队根据我们的要求几易其稿设计而成。

校徽

LOGO注释：

（1）校徽以"仁"为核心，以古铜的红色为主色调，代表杏花镇中心小学秉承"仁里书院"遗风，历史源远流长，文化底蕴深厚。

（2）"仁"字由"人"和"书籍"构成，与杏花镇中心小学校训"仁爱求真"相吻合，展现杏花镇中心小学核心价值观和办学特色。

（3）徽章以杏花为轮廓，把仁里书院放置于杏花的花心，顾名思义：杏花镇中心小学。绿色代表希望，绿色花瓣代表朝气蓬勃的仁里学子；铜红色代表进步，铜红色的花蕊代表学子们心怀母校。

8. 校歌

我们结合仁里文化，发动全体师生积极参与校歌的创作，引导师生思考、概括、提炼和升华"仁里精神"。最后采用中国音乐文学学会会员、广东省优秀音乐家练景升和作词，中国音乐家协会会员、中国音乐文学学会会员、中国社会音乐研究会理事、肇庆市音乐家协会副主席袁巧平谱曲的《杏花小学校歌》。

杏花小学校歌

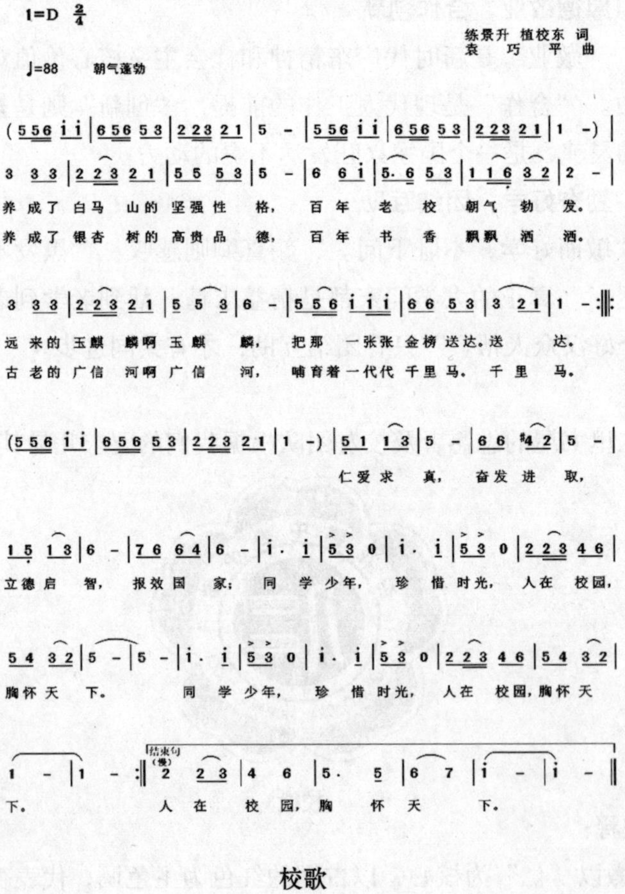

练景升 植校东 词
袁 巧 平 曲

1=D 2/4
♩=88 朝气蓬勃

养成了白马山的坚强性格，百年老校朝气勃发。
养成了银杏树的高贵品德，百年书香飘飘洒洒。

远来的玉麒麟啊玉麒麟，把那一张张金榜送达。送达。
古老的广信河啊广信河，哺育着一代代千里马。千里马。

仁爱求真，奋发进取，
立德启智，报效国家；同学少年，珍惜时光，人在校园，
胸怀天下。同学少年，珍惜时光，人在校园，胸怀天下。
（结束句）人在校园，胸怀天下。

校歌

通过每周升旗仪式和学校重大活动,全校师生齐唱校歌,促进师生对学校精神文化的认同,进而内化为精神,外化为行动。

9. 校树：杏树

杏树适应性强、根深、喜光、耐旱、抗寒、抗风,寿命百年以上。杏果营养丰富,可食用可入药。杏木质地坚硬是做家具的好材料。杏树枝条可做燃料,杏叶可作饲料。因此,杏树是包容、踏实、坚强、奉献的象征,是人立德修身应要具备的品质。《庄子》记载,杏树是具有神圣气息的。孔夫子讲学的杏坛,就是一片杏林,杏树环绕,花香在上,弟子在其熏染中读书,孔夫子在花影中抚琴而歌,书声歌声,风吹花落如香雪。读书有这样一个"绕坛红杏垂垂发,依树白云冉冉飞"的环境,必然令人神往。

三、仁里教育的探索与实践

在仁里教育理念的引领下,我们从八大方面进行探索实践,并在实践中不断改进和完善,逐步丰富仁里文化教育的内涵。

(一)建设仁里校园：书香满园

1. 仁里楹联

分别在校门口和两幢主楼大门口张挂当年仁里书院的三副对联："一里书斋,半里烟村半里市；十年心学,五年炼气五年神""白马驮金榜,麒麟吐玉书""楼台今夜听春雨,书院明朝赏杏花",以激励学生秉承仁里书院遗风,求真向上,崇善尚美。

大门对联：一里书斋,半里烟村半里市；十年心学,五年炼气五年神

仁爱楼对联：白马驮金榜，麒麟吐玉书

求真楼对联：楼台今夜听春雨，书院明朝赏杏花

2. 仁里杏园

在校道左侧的绿化地修建一个杏园：几株杏树、一个水池、一座假山、一条幽径，草丛中立一塑像——牧童遥指杏花村……让学生在游园赏花中感悟中华传统文化的博大精深，陶冶性情。

建设中的杏园

建设中的杏园

3. 仁里楼道

我们结合仁里文化教育理念与校训来为校园各楼道命名。校道：仁里大道，寓意莘莘学子踏入校园接受仁里教育，他日必将成为德才兼备之人才。前、后教学楼：仁爱楼、求真楼，用校训来命名，旨在强化学校"仁爱求真"的教育理念，启示师生不忘"立仁爱之德，求科学真理"之初心。实验楼：群力楼，该楼为香港中文大学校友会捐资兴建，群力楼既寓意群策群力、人多力量大，又启示师生在工作学习中做到合作包容、共同进步。综合楼：砺志楼，寓意学校在教学中秉承"金就砺则利"（荀子《劝学》）"强行者有志"（老子《道德经》）的育才观，育人必先育德，倡导学生从小不断提高自己的品行修养，做一个有理想、有抱负的人。学生宿舍：和美楼，寓意"和睦相处即是美"，与人和睦相处是一件愉快的、美好的事情。

建设中的仁里大道

4. 仁里文化走廊

结合书香文化的建设，打造好校园墙壁文化。在楼梯平台、走廊墙上张挂名人名言、儒家思想核心内容等宣传画和标语，激励学生修炼品质修养，从小立志读书。

仁里教育理念专题文化墙

梁底文化

梁底文化

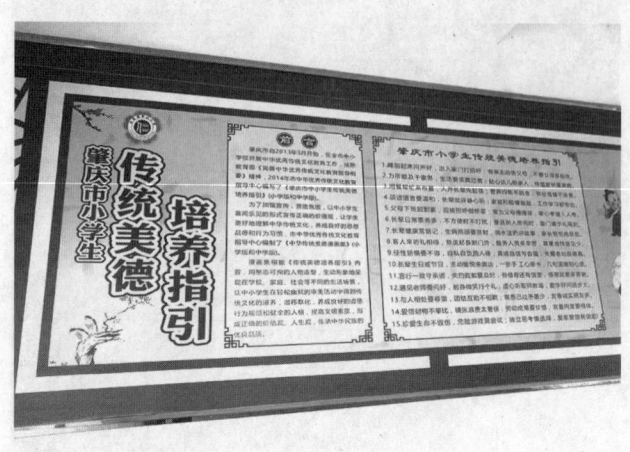

墙体文化

走廊文化

5. 仁里文化班级

教室的布置要兼顾共性（建设书香班级）和个性。各班师生根据各自的目标与追求，鼓励学生参与班级文化的建设，让教室成为学生展现自我的舞台，用环境来熏陶人、感召人。建议每班做好五个有：有一个口号，构建班级精神文化；有一个公约，形成班级制度文化；有一个光荣榜，打造班级赏识文化；有一个图书角，打造班级书香文化；有一块"星光灿烂"展板，让学生把自己得意之作（书画、手工、作文等）张贴上去，展示自我、彰显个性。

班级文化

班级公约

美好人生从**良好习惯**的培养开始

班级之星

才艺展示

作品展示

6. 仁里文化塑像

在求真楼前台阶两旁安放孔子和陶行知的塑像,既寓意我校"仁爱求真"教育理念的来源,又启示教师要做到"有教无类、厚德育人",学生要做到"修身立德、求真进取"。

7. 仁里文物陈列

在校园侧门旁边挡土墙前介绍仁里书院历史,陈列仁里书院当年的石刻门匾、石墩、石柱等文物,教育学生秉承仁里书院遗风,以仁立德,潜心苦读,立志成才。

8. 仁里校史室

通过开辟校史陈列室,介绍学校历史、仁里学子和乡贤的奋斗史、支持公益助学等善举,为学生树立起立志成才、以仁济世的楷模。

(二)培养仁里之师:"四有"老师

习近平总书记在与北师大师生座谈时说:"一个人遇到好老师是人生的幸运,一个学校拥有好老师是学校的光荣,一个民族源源不断涌现出一批又一批好老师则是民族的希望。"他还提出了"四有"好老师的标准:要有理想信念,要有道德情操,要有扎实学识,要有仁爱之心。

我校以"四有"标准作为优秀教师的培养目标和评选标准,每年评选一次仁里之师。

仁里之师表彰

（三）开展仁里德育：仁爱教育

"仁"是儒家思想文化的核心，"仁"的核心是"爱人"。这一核心理念在几千年的传承过程中得到了不断丰富和充实，深深地积淀于国人的血脉中，成为中华文化的瑰宝。我们学校的德育重点就是要进行仁爱教育。

1. 开展中华传统文化教育活动

通过诵读经典、表演故事等，用优秀的传统文化浸润学生幼小的心灵，用中华传统美德引导学生树立正确的人生观和价值观。

经典诵读

祭孔活动

2. 开展主题教育活动

通过主题校会、班队会、参与公益活动等，让学生在活动中悟仁爱之道、行仁爱之举，最终规范学生的言行，促进学生良好的道德素养、行为习惯与健康人格的养成，为学生的健康成长涂下亮丽的底色。

歌谣诵读及表彰会

参加新农村建设

3. 坚持学科渗透

挖掘各学科中的仁爱因素，熏陶学生的品德，让学生懂得立德做人的道理。

《道德与法治》教学《大家排好队》

传统文化教育专题研讨课

4. 开展"十个一"活动

让学生在体验中成长。"十个一"活动为：每天坚持一个小时的体育锻炼；每天做一件家务劳动；每天做一件善事；每星期讲一个传统美德小故事；每星期做一件尊老爱老的好事；每星期背诵一篇经典诗文；每月读一本好书；每月看一部优秀影视片；每学期参加一次调查走访或公益活动；每学期给教师、家长写一封感恩的信。让学生在日常生活实践中受到熏陶，有所感悟，促进其道德品质的内化和道德习惯的形成。

学习与晒谷两不误

参加公益活动

打扫敬老院

植树

今天我当家

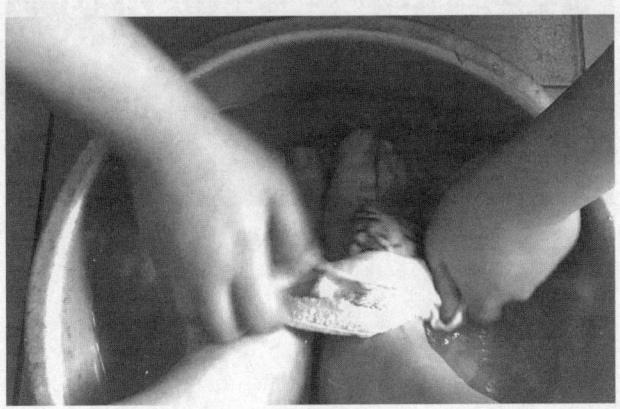

为家人洗洗脚

5. 三教结合,多方联动

充分利用学校、家庭、社会的教育资源,形成教育合力,为仁爱教育的实施提供便利。

爱心团体赠书

爱心团体助学

安全用电宣传

民警进校园之法制宣讲

志愿者公益进校园

（四）打造仁里课堂：求真课堂

坚持深化课堂教学改革，努力构建体现仁爱关怀、宽松和谐的求真课堂，实现课堂教学轻负高效。经过实践，我们初步形成了求真课堂"启、探、练、评、结"五步教学法模式，具体流程及要求如下：

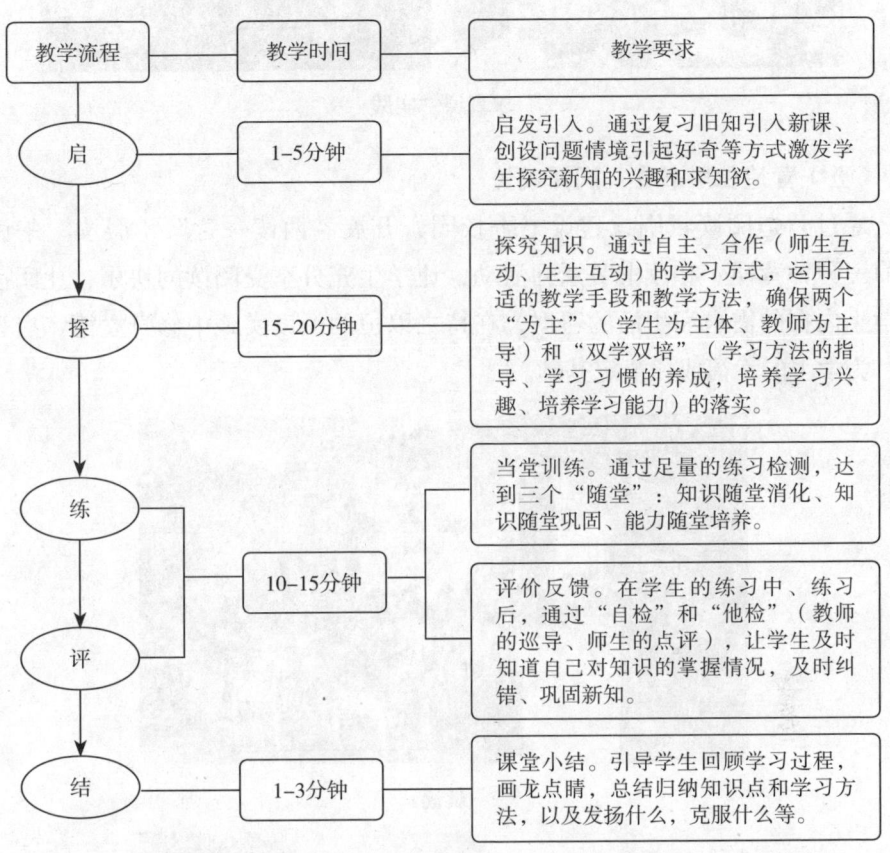

教学流程

求真课堂实践

（五）营造仁里书香：润泽成长

通过营造阅读氛围，建设书香校园，开展"两读一背"（晨读、午读和课前三分钟背诵）和读书节系列活动，让学生充分享受阅读的快乐，让阅读成为学生内在的需求和生活的习惯，在持之以恒的阅读实践中修身立德、启智长干，为学生的幸福成长奠定基础。

晨读

午读

（六）设立仁里节日：培育特色

1. 读书文化节

把每年的4月23日至5月23日定为学校一年一度的读书文化节。通过开展好书推荐、读书心得交流会、古诗文知识竞赛、朗诵比赛、读书成果展览、书香班级和读书之星评比等活动，促进书香校园的建设，培养学生阅读习惯。

读书节活动

艺术节

2. 仁里作文节

学校每年的10月份举办作文节，通过邀请作家开讲座、开展作文知识竞赛、诗歌美文大赛和编辑《仁里作文》等活动，以课内教学与课外活动相结合的方式，让学生在学习与活动中积累写作知识，掌握写作技巧，体验写作乐趣。

3. 快乐英语节

为营造浓厚的校园英语交际氛围，使学生能更好地感受英语、应用英语，学校每年举行一次英语节活动，时间安排在每年的6月份。通过系列主题活动，营造语言氛围，拓宽学生视野，培养学生情趣，激发学习兴趣，展示语言能力，促进学生和谐发展。

第三届
仁里蔼然作文奖
获奖作文集

作文节

英语节活动

4. 阳光体育节

动起来，生命更精彩！以"健康第一，学习第二"为育人理念，在确保学生每天坚持一小时体育锻炼的同时，面向全体学生，开展丰富多彩的体育活动，激发学生的运动兴趣，培养学生终身体育的意识，养成坚持体育锻炼的习惯，促进学生在身体、心理和社会适应能力等方面健康、和谐地发展。每年的11月份为学校的体育节。

五步拳

参加县赛

（七）编办仁里刊物：德育拓展、展现自我

1. 校本教材

我们结合学校的办学特色，组织开发校本教材《仁爱求真 快乐成长》。将学校的仁里文化教育与德育常规内容的教育进行融合，作为思想品德学科的补充教材来使用。

2. 校报

我们编辑出版校报《求真报》，宣传报道仁里教育成果，为师生的学习交流与展现自我提供平台。

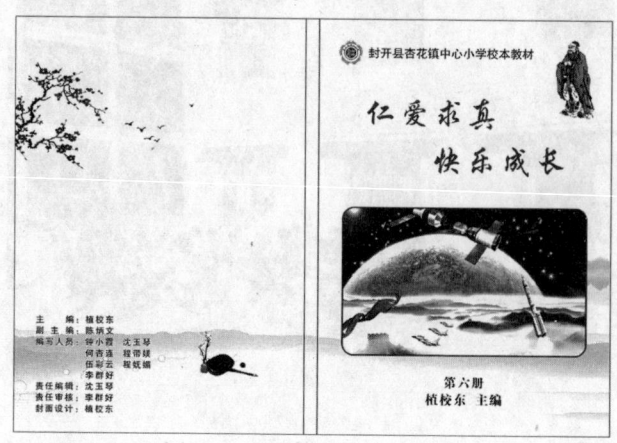

校本教材

校报

（八）实施仁里评价：仁智合一，个性发展

德才兼备是当今我国社会的人才观，"仁智并育，个性发展"是我校的育人观，我校将逐步构建起学生健康成长的评价体系，开展"文明班""文明宿舍""书香班级""仁里之星"的评选活动。

仁里之星是我校学生在德智体美劳各方面发展中的佼佼者，是学生学习的榜样。

仁里学子"星"系列评价标准

"星"级名称	评价标准
阅读之星	喜欢读书、阅读量较大、有良好的阅读方法和习惯
礼仪之星	穿着整齐、举止文明、对人有礼貌、尊老爱老
行善之星	关心集体、乐于助人、乐于奉献
卫生之星	个人卫生好、不随地吐痰、不乱扔垃圾
纪律之星	遵守学校、社会各项规章制度、行为规范、安全
诚信之星	待人诚恳、诚实守信、言行一致
艺术之星	有恒心、有毅力,在书画、音乐、舞蹈等方面有一定的特长
体育之星	身体健康、积极参加体育锻炼或有一定体育特长
学习之星	勤奋学习、有良好的学习习惯、学习成绩优秀
仁里之星（综合荣誉）	以上各方面表现都比较突出

"仁里之星"表彰

美好人生从**良好习惯**的培养开始

艺术节

知行统一、三教结合，培养农村小学生良好行为习惯
——《青少年健康成长教育实践研究》开题报告

一、研究的背景和意义

2004年2月26日，中共中央颁布了《中共中央国务院关于进一步加强和改进未成年人思想道德建设的若干意见》。在《意见》中提出："从规范行为习惯做起，培养良好的道德品质和文明行为是未成年人思想道德建设的主要任务。"党的十七届六中全会通过的《中共中央关于深化文化体制改革、推动社会主义文化大发展大繁荣若干重大问题的决定》也指出："全面加强学校德育体系建设，构建学校、家庭、社会紧密协作的教育网络，动员社会各方面共同做好青少年思想道德教育工作。"《国家中长期教育改革和发展规划纲要（2010-2020年）》指出："注重品行培养，激发学习兴趣，培育健康体魄，养成良好习惯。""充分发挥家庭教育在青少年成长过程中的重要作用，帮助子女养成良好习惯，促进学生健康成长。""树立系统培养观念，推进大、

中、小学有机衔接，教学、科研、实践紧密结合，学校、家庭、社会密切配合，加强学校之间、校企之间、学校与科研机构之间合作以及中外合作等多种联合培养方式，形成体系开放、机制灵活、渠道互通、选择多样的人才培养体制。""注重知行统一。坚持教育教学与生产劳动、社会实践相结合。"

我校处于广东省偏远山区农村，经济和文化都相对比较落后。大部分家长文化程度普遍比较低，缺乏对子女的养成教育。特别是近几年，随着素质教育的进一步实施，引起新旧观念的冲突，加之农村留守儿童的日益增多，农村小学教育中出现了令人担忧的问题。比如，小学生普遍出现了衣着随意、行为霸道、欠缺礼貌、随地扔垃圾、言行不文明、上课不认真（不专心听讲、不做笔记、不用心思考、不积极发言和学习不反思等）、作业不完成、写字不工整、课前不预习、课后不复习、课外不阅读等现象，缺乏良好的行为习惯、卫生习惯、学习习惯。而良好行为习惯的养成必须从儿童时期开始，习惯养得好，终身受其福；习惯养不好，则终生受其累。为此，我们根据本校学生实际情况，确立了《知行统一、三教结合，培养农村小学生良好行为习惯——青少年健康成长教育实践研究》的课题研究，旨在探索山区农村小学生良好行为习惯养成教育的有效方法，尤其是探索如何坚持知行统一的教育原则，通过整合学校、家庭、社会三个平台的教育力量（如聘请司法所长、派出所干警、"五老"同志、返乡大学生和热心家长为学校法制副校长、校外辅导员，有计划地请他们到学校开讲座、作报告，组织各种实践教育活动；定期邀请他们到校召开座谈会，与教师共同探讨当前小学生思想道德教育的方式方法；办好家长学校，营造学校、家庭和社会三位一体的教育氛围……），多渠道、全方位去促进学生养成良好的行为习惯、卫生习惯、学习习惯，从而有效地建设良好的校风和学风，进而促进学生健康人格的形成，促进学校教育教学质量的提高。

二、研究的学术价值

我国古代思想家、教育家孔子提出："少成若天性，习惯成自然。"智者的呼声，警示着从事基础教育工作的教师：良好的行为习惯将是一个人成功和成才的基础。探索培养小学生良好行为习惯教育的途径和方法，对提高未来小公民的素质有着极其重要的作用。尤其是我们从"坚持知行统一的教育原则，通过整合学校、家庭、社会三个平台的教育力量"的角度，去探索多渠道、全

方位促进山区农村小学生良好的行为习惯养成的方法,能有效地建设良好的校风和学风,从而促进学生健康成长,促进学校教育教学质量的提高。

三、研究的现状概述

"如何培养学生的良好行为习惯"已引起国内外教育机构和广大教育工作者的重视,他们为此进行了不懈的努力并取得瞩目的成绩。

在国外,有关这方面的研究开展较早,产生了一些影响广泛的理论成果。但这些理论一般都注重儿童道德认知和道德情感等方面的研究,而忽视行为习惯研究,大都以一些设计精巧的实验为基础,内容涉及儿童道德发展过程中的知、情、意、行等方面。如瑞士学者皮亚杰(JEANPIAGET)提出的儿童道德认知发展理论(详细研究了儿童道德判断的发展和形成)和柯尔铬格(LOKOHLBERG)的儿童道德认知发展理论(对皮亚杰的理论进行了进一步研究),着重研究了儿童道德认知问题。苏联心理学家关于儿童羞愧感的研究,则着重研究了儿童道德情感的发展问题。国外的这些研究成果,为我们的研究提供了可资借鉴的理论基础和研究方法方面的参考。

在国内,中国青少年研究中心《少年儿童行为习惯与人格的关系研究》课题组经过几年的努力,陆续出版了课题研究的系列成果。这些成果主要包括:《儿童教育就是培养好习惯》《小学生的21个好习惯》《好习惯好人生》《培养幼儿好习惯》《中学生习惯养成策略》《习惯养成精彩活动集》《培养一个真正的人》《良好习惯是健康人格之基础》等专著。他们主要的研究结论和观点是:

(1)从总体上看,在少年儿童日常的学习和生活中培养一系列基本的做人、做事和学习的良好习惯,对他们的健康人格形成具有重大意义:养成良好习惯促进了少年儿童基本素质的提高;养成良好习惯是少年儿童能力的重要生长点;某些良好习惯的养成对某些人格特质有促进作用。这些良好习惯的积累、泛化、整合、升华,必将对少年儿童健全人格的发展和形成产生重大影响,为少年儿童身心的全面发展奠定坚实的基础。

(2)习惯培养的总体原则是尽可能多地养成积极(良好)的习惯;在培养动作性习惯的同时,要注重智慧性习惯培养;在培养传统性习惯的同时,要注重时代性习惯培养;在培养个体性习惯的同时,要注重社会性习惯培养。

(3)在习惯培养的目标中,既要关注习惯养成的共性,也要关注习惯养成的差异性。

（4）习惯培养是一个由被动到主动再到自动的过程。在这个过程中，要关注两个转化：由被动到主动的转化，由主动再到自动的转化。

（5）在习惯培养过程中，要把良好习惯的培养与不良习惯的矫正相结合；习惯培养的基本方法之一是加减法（正强化和负强化），即培养良好习惯用加法，矫正不良习惯用减法……

砂渠学校的詹碧芸老师在《浅谈农村小学生行为习惯养成教育》一文中指出，农村小学生行为习惯的养成教育要从日常生活、学习中的细节做起，从实事入手，要以身作则，要以活动为载体，要从细微处评价……

诸城市石桥子镇朱苏铺小学的付桂云老师则认为，低年级学生的良好行为习惯，要通过各种竞赛，通过得小五角星，初步养成；中年级学生，要利用行为规范，形成自律……

但是，他们大多数都是从学校自身教育的角度，以及通过学科渗透、专题教育、制度约束、榜样示范、校园活动、校园文化等途径去培养学生的良好行为习惯，而对家庭教育和社会教育的力量重视不够，对学生这个主体在实践体验感悟中逐渐内化自律、逐渐形成习惯这一重要途径重视不够。

四、研究的理论依据

1. 知行统一观

知与行的统一，是马克思主义认识论、实践论的基本要求。知是行的基础，行是知的目的和归宿。

中国古代有不少教育家虽然对教育目的、任务持有不同见解，但是都重视知行统一的原则。著名思想家、教育家孔子要求弟子"讷于言而敏于行"（《论语·里仁》），认为"言而过其行"（《论语·宪问》）是可耻的。墨子提出"强力而行"的主张，认为"士虽有学，而行为本焉"（《墨子·修身》）。南宋诗人陆游在《冬夜读书示子聿》中指出："古人学问无遗力，少壮工夫老始成。纸上得来终觉浅，绝知此事要躬行。"明代著名思想家王阳明认为"知行关系就是指道德意识和道德践履的关系，也包括一些思想意念和实际行动的关系。"并强调："知中有行，行中有知。知是行之始，行是知之成。"这些，均反映了古代教育家注意行为实践的思想。

1937年，毛泽东同志在《实践论》中把马克思主义哲学关于认识和实践统

一的理论总结为：实践、认识、再实践、再认识。这种形式，循环往复以至无穷，而实践和认识之每一循环的内容，都比较地进到了高一级的程度。

2. 心理学原理

心理学认为"人具有先天的优良潜能。教育的作用在于使人的先天潜能得以实现"。良好习惯的培养以学生为本，是学生探索、认识、肯定和发展自己的一种方式。学生掌握知识技能的同时，逐渐自然习得，是一个创造的过程。它着眼学生现在，关注学生未来。

3. 名人教育观

著名教育家叶圣陶说："什么是教育？简单一句话，就是要养成良好习惯。"并指出："我们社会主义社会的教育，就是要培养学生在社会主义社会里生活的一切良好习惯。在德育方面，要养成待人处事和工作的良好习惯；在智育方面，要养成寻求知识和熟悉技能的良好习惯；在体育方面，要养成保护并促进身体健康的良好习惯。"

中国著名教育家、儿童心理学家陈鹤琴说："人之动作十之八九是习惯，而这种习惯大部分是在幼年时期养成的，所以在幼年时代，应特别注意习惯的养成。但习惯不是一律的，有好有坏。习惯养得好，终生受其福，习惯养得不好，则终生受其累。"

著名思想家、教育家孔子提出："少成若天性，习惯成自然。"

法国启蒙思想家、哲学家卢梭在《爱弥儿》一书中指出："在儿童时期没有养成思想的习惯，将使他从此以后一生都没有思想的能力。"

美国哲学家培根谈道："习惯真是一种强大的力量，它可以主宰人的一生。因此，人从幼年期就应该通过教育培养一种良好的习惯。"

英国作家萨克雷觉得："播种行为，可以收获习惯；播种习惯，可以收获性格；播种性格，可以收获命运。"

4. 现代大教育观

《国家中长期教育改革和发展规划纲要（2010-2020年）》提出要发挥家庭教育重要作用，将德育渗透到家庭教育和制订家庭教育法。《人民教育》杂志社总编、中国家庭教育学会副会长傅国亮认为，"学校教育、家庭教育和社会教育构成了现代教育的主要内容，或者也叫作大教育观。一个现代的教育观，它就要强调学校教育、家庭教育和社会教育的紧密结合，否则就是不完全的教育。"

五、课题的核心概念与界定

"知"是知识、认识,"行"是行为实践,"知行统一"是思想、认识与实践行为相一致。知与行的统一,是马克思主义认识论、实践论的基本要求,是德育原则之一。知是行的基础,行是知的目的和归宿。

"三教"主要指学校教育、家庭教育和社会教育。一个大教育观,一个现代的教育观,它强调学校教育、家庭教育和社会教育的紧密结合,否则就是不完全的教育。

"习惯"一词在《现代汉语词典》中解释为"在长时期里逐渐养成的、一时不容易改变的行为、倾向或社会风尚;常常接触某种新的情况而逐渐适应的行为、活动。"按照习惯的性质和层次水平,可以分为动作性习惯和智慧性习惯;依照人们日常活动的领域,可以分为生活习惯、学习习惯、工作习惯、交往习惯等;依据习惯对于人健康成长的价值和作用,可以分为良好习惯和不良习惯。有学者也认为,良好行为习惯是指以人的发展为本,充分体现时代发展与个性特点要求,在生活和教育中形成符合各类生活守则、遵循代表社会和时代先进方向、社会公德的稳定而持久的行为。

因此,本课题就是遵循知行统一的德育原则,通过整合学校、家庭、社会三个平台的教育力量,多渠道、全方位培养农村小学生有利于自身健康成长的行为习惯,从而有效地建设良好的校风和学风,促进学校教育教学质量的提高。

六、研究的总体框架和基本内容,拟达到的目标

1. 总体架构和基本内容

(1)农村小学生行为习惯现状及其成因。

(2)培养农村小学生良好行为习惯的途径和方法。

2. 拟达到的目标

(1)研究准备阶段:完成调查报告《农村小学生行为习惯现状及其成因分析》和研究方案。

(2)研究实施阶段:完成子课题《培养农村小学生良好行为习惯的途径和方法》和《整合家校社,助力农村小学生良好行为习惯的养成》的研究,完成研究论文集《培养农村小学生良好行为习惯的途径和方法》。

（3）结题验收阶段：完成研究报告《知行统一、三教结合，培养农村小学生良好行为习惯——青少年健康成长教育实践研究》。

（4）总体目标：完成论文集和研究报告《知行统一、三教结合，培养农村小学生良好行为习惯——青少年健康成长教育实践研究》，争取成果获市级以上奖励，并通过县教育部门将研究成果向其他农村学校推广。

七、拟突破的重点、拟解决的关键问题及主要创新之处

1. 拟突破的重点、拟解决的关键问题

在培养农村小学生良好行为习惯的教育活动中，做到知行统一，整合三教（学校、家庭和社会教育）的力量。

2. 主要创新之处

（1）整合三教的教育力量，促进农村小学生良好行为习惯的养成。

（2）坚持知行统一的教育观点，让学生在"学习道理—实践体验—再学习道理—再实践感悟"的一系列循环往复的教育活动中，在学生自我的不断感悟中修正自己的行为，内化成自律，最终养成良好的行为习惯。

八、研究的思路与方法

本课题将采用"分析——实践——反思——重构——实践——总结"这一研究思路，在教学实践中边思考分析、边反思调整、边改进总结，把"培养农村小学生良好行为习惯"这一教育目标渗透在教育教学及其活动中，提升教师育人水平，充分发挥教师的引领作用，使学生从小养成良好的行为习惯。

本课题采用以下的研究方法：

1. 问卷调查法

了解掌握学生的行为习惯、心理活动，在各时段的真实信息以及发展水平，收集成资料数据，并作进一步的分析处理、实践与研究。

2. 访谈法

为进一步了解实验对象的真实情况，特别是心理情况，直接找对象进行面谈，从而获得资料和反馈信息。

3. 个案法

建立典型实验对象的全程档案，作为实验评估和改进实验的依据。

4. 观察记录法

在实验活动时，对实验对象进行观察反应，并将之记录，作为研究、评价的资料和信息。

5. 行为训练法

对实验对象有针对性地进行单项行为习惯训练和专题教育实践（如低年级进行仪表整洁、物品摆放、坐姿写姿、听讲朗读、举手发言、文明礼貌、垃圾入桶等训练；中年级进行打扫清洁、书写工整、卷面整洁、课前预习、课堂倾听、交流发言、做好笔记等训练；高年级进行合作交流、学习反思、阅读积累、爱护公物、保护环境、文明用餐、安静就寝、整理寝室、敬老爱老、参与公益等训练），以达到矫正或提高的目的。

6. 思想教育法

在开展实验研究前或过程中，对学生进行思想的教育（如开展《明礼守法讲美德》《衣着整洁人精神》《孝亲尊师善待人》《诚实守信有担当》《好学多问肯钻研》《力争读遍万卷书》《爱护公物我做起》《珍惜粮食不浪费》《珍爱生命保安全》等主题班会队会和专题教育讲座），以提高或矫正其思想认识。

7. 经验总结法

在探索小学生养成良好行为习惯的有效途径与方法的同时，认真总结这方面的经验和规律，不断地提高、创新。

九、研究的对象

本课题研究的对象为杏花镇、南丰镇、信宜市三地农村小学生。

十、研究步骤和计划

1. 研究准备阶段（2017.3–2017.4）

完成调查问卷、学生家庭走访、农村小学生行为习惯的现状及其成因分析、撰写研究方案等。

2. 研究实施阶段（2017.5–2018.12）

举行开题仪式、全面开展课题研究、做好阶段小结和中期评估、按需调整研究或实验策略、撰写论文、做好资料的整理和归档、完成阶段性成果等。

3. 结题验收阶段（2019.1–2019.3）

做好课题总结、完成研究报告、申请结题验收。

十一、研究的主要措施

1. 寻求支持与合作

（1）通过县、市教育部门的协调，争取肇庆学院教师教育学院和肇庆市教育局教学教研室的帮助、支持与合作。

（2）聘请肇庆学院教师教育学院肖晓玛博士、肇庆市教育局教学教研室伦仲潮副主任（小学副高级教师）为课题顾问、学术指导，为课题研究保驾护航；三是邀请本县、外市兄弟学校的两位副高级教师——植红梅（封开县南丰镇中心小学）、叶荣森（信宜市第五小学校长、广东省第七批小学特级教师、广东省小学首批副高级教师、广东省新一轮"百千万人才培养工程"首批小学名校长培养对象）参与本课题的研究，增强研究的力量。

2. 做好研究的前期工作

查阅、分析网络、报刊书籍的相关资料，了解清楚本课题的国内外研究现状、成果与不足；做好农村小学生行为习惯的现状调查分析等。

3. 加强研究队伍的培训

定期开展理论学习，组织研讨交流，总结分享等活动，提高研究成员的研究水平。

4. 建设好三支队伍，发挥三个渠道的育人作用

建设好教师、学生干部、家长、"五老"同志或社会志愿者、校外辅导员队伍，让教师成为习惯教育的主力军，让学生成为自我管理的小主人，让家长、"五老"同志、社会志愿者成为学校教育的同盟军。构建起学校、家庭、社会三结合教育网络，建立全员育人机制，形成教育合力，进行全员育人，全方位促进学生良好习惯的养成。

5. 营造好校园文化氛围

通过建设书香校园，打造仁里教育特色文化（校园文化、班级文化、制度文化等），发挥文化引领作用，促进学生良好行为习惯的养成。

6. 开展"十个一"等实践活动

"十个一"活动为：每天坚持一个小时的体育锻炼；每天做一件家务劳动；每天做一件善事；每星期讲一个传统美德小故事；每星期做一件尊老爱老的好事；每星期背诵一篇经典诗文；每月读一本好书；每月看一部优秀影视片；每学期参加一次调查走访或公益活动；每学期给教师、家长写一封感恩的信。让学生在日常生活实践中受到熏陶，有所感悟，促进其道德品质的内化和道德习惯的形成。

7. 开展榜样示范活动

通过评比仁里之师（有理想信念、有道德情操、有扎实学识、有仁爱之心的"四有"好老师）、仁里之星（礼仪之星、阅读之星、感恩之星、行善少年、雷锋少年等）的活动，为学生树立榜样，通过榜样的表率作用使学生良好行为习惯的养成教育变得"可见、可学、可仿、可行"。

8. 做好"三结合"

一是课题研究与学校德育工作相结合，着力培养学生良好的行为习惯；二是课题研究与日常教学工作相结合，着力培养学生良好的学习习惯；三是课题研究与学生家庭生活、社会交往相结合，着力培养学生良好的生活习惯、交际习惯。通过"三结合"提高教育实效。

十二、课题研究的预期成果

（1）调查报告《农村小学生行为习惯的现状及其成因分析》。

（2）课题研究论文集，争取在核心期刊发表论文2篇。

（3）研究报告《知行统一、三教结合，培养农村小学生良好行为习惯——青少年健康成长教育实践研究》。

（4）争取成果获市级以上奖励，并通过县教育部门将研究成果向其他农村学校推广。

十三、课题研究的评价方法

本课题采用师生评价、群众评价和专家鉴定的评价方式。

十四、经费预算与所需设备

本课题的研究经费得到省、市教育、行政部门的大力支持，其中省财政厅支持5万元，市教育局支持3万元，学校自筹2万元。

研究经费表

预算科目	预算开支	备注（计算依据与说明）
图书资料费	0.5万元	人手一套理论学习、参考资料等
调研差旅费	3万元	外出调研、参加学术交流、听讲座
计算机机时费及其辅助设备购置和使用费	0万元	学校有足够的现代化办公设备
购置文具费	0.5万元	纸张笔墨、移动硬盘、相机等
小型会议费	1万元	茶水、资料、会议用餐等
咨询费	1万元	请专家指导、做讲座等
印刷费	0.5万元	课题资料印刷
复印费	0.5万元	参考资料复印等
成果打印费	0.5万元	论文等成果打印
其他	2.5万元	以上项目以外的如实践活动、奖励等开支
合计	10万元	

十五、课题组成员及分工

为保证本课题研究的顺利进行且收到实效，特聘请肇庆学院教育学院教授肖晓玛为课题顾问，肇庆市教育局教研室副主任伦仲潮为学术指导。课题组成员原则上分工合作，重大问题和决策由集体讨论，子课题在集体研究的基础上分工负责。

组长：植校东

副组长：陈炳文

成员：植红梅、唐伟耀、黎玉凤、梁旭圣、叶荣森、冼洁怡、梁银婵、梁雪梅、沈玉琴

具体分工如下：

植校东：负责课题的设计、研究方案的撰写，研究过程的组织与实施管理。

陈炳文：负责阶段计划的制定、总结、结题报告的撰写，协助组长做好课题研究的实施与管理。

唐伟耀、沈玉琴：负责子课题《农村小学生行为习惯现状及其成因分析》的研究与实施。

植红梅、黎玉凤：负责子课题《培养农村小学生良好行为习惯的方法》的

研究与实施。

叶荣森、梁旭圣：负责子课题《整合家校社，助力农村小学生良好行为习惯的养成》的研究与实施。

冼洁怡：课题研究、负责低年级课题实践活动的开展。

梁银婵：课题研究、负责中年级课题实践活动的开展。

梁雪梅：课题研究、负责高年级课题实践活动的开展。

沈玉琴：课题研究、负责课题档案资料的管理。

2017年6月19日

农村小学生自改作文能力与习惯的培养

作文批改难是语文教学界的共识。语文老师普遍觉得，改作文时，人特别累，心也烦躁不安。个别语文老师甚至感叹："作文批改难，难于上青天。"香港大学谢锡金教授曾谈道："作得这样差，真难改，要花很大的精神，很多老师认为批改作文是最艰辛的工作。的确，有时候有些老师觉得让学生作文，不单是折磨学生，而且是折磨自己。"[1]据了解，很多教师不愿意教语文，一个很重要的原因就是怕改作文。

对于作文难改，很多语文老师和语文教学研究工作者认为，最根本的原因是学生作文差，而造成学生作文差的原因又是生活积累贫乏、思想贫乏、缺乏成功快感、作文教学成人化等。他们从这些方面入手花大力气进行作文教学改革的研究，取得了一批瞩目的成果。但他们往往也容易忽略了一点，就是没有从作文评改方式上寻找原因。"长时间来，我们的作文教学都在不断地重复着这样的三部曲：'教师出题——学生写作——教师批阅'。"[2]在作文批改的形式中出现以下几种倾向。

1. 全批全改，面面俱到

"教师怕学生改不好，就越俎代庖一边批一边改，总是精批细改，字、词、句、篇、结构、中心……面面俱到，既有总批，又有眉批。费了不少的时

间和精力在学生的习作上圈圈点点。忙了一大阵子，学生习作上红红的杠杠一条又一条，红红的批语一个又一个，弄得'朱批满篇'。"[3]结果，教师辛苦万分，感慨万分，也心酸万分。虽然教师批改字迹工整，符号正确，批语也具体中肯，但学生面对改得体无完肤的习作，有的不屑一顾，不以为然，对教师的一丝不苟不感兴趣，认为批和改都是教师的事，他们只在乎分数，往往是只看一眼分数就将习作本塞进书包；有的即使看一下批语，也不深入领会理解批语的意思，真是吃力不讨好；也有的顿生畏惧心理，怀疑自己没有写作的天赋，以后甚至连写的勇气都没有了，结果还是教师枉费心机。

2. 一般性批改

"对学生作文中明显的错别字病句，给予批改，文章的中心、选材、组材、结构和语言表达等，在总批中指出优缺点，但用语抽象空乏，学生难以领悟。"[4]

3. 粗略批改

即"认真批改一部分作文，其余作文只是粗略批改。"[5]精改部分作文的评语写得也较具体、中肯，但略改部分的评语难免流入于形式，都是老模式：句子通顺否，错别字多乎，中心突出否……结果是隔靴搔痒，空乏说教。

4. 草率的批改

这种批改"只凭印象，不加批改就评定成绩；草草批改，出现错误；该改的不改，该批的不批，不该改的倒改了；很少批改，明显的错字病句也不给指出，也没有批语；批改符号不正确，批改字迹潦草。"[6]这样的批改，其结果只能是"误人子弟"。

由此可见，造成学生作文水平差，作文难改的一个重要原因，是教师在作文教学中没有很好地调动学生主体参与批改的积极性，没有培养起学生自改作文的能力和习惯。

好文章是改出来的。我国自古以来就有"文不厌改"之说。"人们写文章，都要进行修改。在通常情况下，一个完整的写作过程，应当包括准备、起草和修改三个阶段。首先是准备，包括审题、构思、确定主题、选择材料、编写提纲等；其次是起草阶段，即起草文章、完成初稿；最后是修改阶段。对于绝大多数人来说，'一挥而就'的情况是很多少见的。即使有的人'一挥而就'，大约也是动笔前已打好腹稿，做了认真周密的准备。"[7]鲁迅先生在谈自己的写作经验时曾经说过："写完后至少看两遍，竭力将可有可无的字、词、句、段删去，毫不可惜。"[8]毛泽东同志则指出："鲁迅说'至少看两遍'，至多呢？他没有说，我看重要的文章不妨看它十多遍，认真地加以删改，然后发表。文章是客观事物的反映，而事物是曲折复杂的，必须反复研究，才能反映恰当；在这里粗心大意，就是不懂得作文的起码知识。"[9]唐代著名诗人白居易曾在诗中写道："旧句时时有改，无妨说性情。"[10]可见他对修改作品是何等重视。何其芳同志曾说："修改是写作的一个重要部分。古今中外，凡是文章写得好的人，大概都是在修改上用过功夫。"[11]俄国作家托尔斯泰对《战争与和平》修改过七次，对《安娜卡列尼娜》改过二十次，对《复活》的开头修改过二十多次。托尔斯泰在文学创作上的卓越成就，是同他严肃认真的修改态度分不开的。当代作家柳青花了六年时间，四易其稿才写成优秀长篇小说《创业史》，后来对全书进行了一次精心修改，删去两万多字，使内容更加精美，情节更为紧凑。

从认识论和教学论的观点来看，修改作文，其实是修改作者对客观事物的认识。因为"文章是客观事物的反映。"[12]而人们对客观事物的认识是要通过反复的思考和研究的，都是要经历"实践——认识——再实践——再认识——再思维"的过程，简单来说，就是一个认识事物和表达对事物认识的过程，这两个方面都要反映在"作"和"改"两个过程中，才算得上是完整的作文过程。学生作文写得不准确、不完整、不具体，是属于认识不足（包括对事物外观现象和事物内在意义）所造成的。根本的解决办法是提高认识后加以修正。教师如果单纯地精批细改，而不辅以学生自批自改，实质上是教师代替学生跳跃了一个认识过程。著名教育家叶圣陶在《谈文章的修改》一文中说："修改不是什么雕虫小技，其实就是修改思想，要它想得更正确，更完美。"[13]因此，修改作文是作者的事，教师不要包办代替。教师要培养学生发现自己作文问题的能力，启发学生自己修改。学生自己修改虽没有教师修改得那么好，但训练多了，修改能力自然会提高，作文自然会进步。这才能体现真正意义上的尊重学习的主体。

从终身教育的角度看，要求培养学生作文自改能力。《九年义务教育全日制小学语文教学大纲（试用修订版）》要求："养成想清楚再写和写后认真修

改的习惯。""要逐步培养学生自己修改习作的能力。""小学语文教学应立足于促进学生的发展,为他们的终身学习、生活和工作奠定基础。"[14]著名教育家叶圣陶也曾指出:"作文教学要着重培养学生自己改的能力。教师的任务就是用切实有效的办法引导学生下水,练成游泳的本领。"[15]我们只有在教给学生写作技巧的同时,还教给学生改作文的技能,才是培养学生完整的作文能力。否则,学生将来走上社会时就无法适应社会的需要。

从教育心理学角度看,提倡学生自改作文,能调动学生作文的积极性,使学生从教学的被动地位转变为主动地位。因为只有把修改文章的主动权交给学生,让他们学会当"老师",找出自己或同学作文中的优劣,扬长避短,才能明确到修改是写作的延续,才能体会到文章写好后要多推敲、琢磨的道理,才能使他们在反复的作文修改中提高能力。学生在自改过程中,看到经过修改的作文通顺了,流畅生动了,就会产生一种成功的喜悦,作文兴趣也会增强,从而调动学生学习的积极性。从教学实践看,教师批改花了不少精力,但效果甚微。如果指导学生自改作文,就可以使教师从堆积如山的作文批改中解放出来,把精力放到指导学生自改上,把力气放在刀刃上,事半功倍。

培养学生自改作文的能力与习惯是作文教学的重要任务。著名教育家叶圣陶说得很清楚:"学生须能读书,须能作文,故特设语文课以训练之。最终目的为:自能读书,不待教师讲;自能作文,不待教师改。教师之训练必须做到这两点,乃教学之成功。"[16]那么,如何去培养学生修改作文的能力与习惯呢?这是一些语文教师和语文教学工作研究者苦心钻研的一大课题。他们为之进行了不懈的探索,并取得了有一定影响的研究成果。在此,我结合平常的教学实践,提出几点设想,以起抛砖引玉之作用。

1. 培养学生自改作文的责任心

是否自觉、认真地修改文章,跟人们的责任心强不强紧紧相关。拉法格说:"他(指马克思——引者注)对他的写作从没感到满意过,修改了又改,并且总是觉得文字表现没有达到思想所达到的高度。"[17]马克思对写作精雕细刻、反复修改的态度,正是出于强烈的革命责任心。毛泽东同志也指出:有些人"文章写好之后,也不多看几遍,像洗脸之后再照镜子一样,就马马虎虎发表出去。其结果，往往是'下笔千言，离题万里'，仿佛像个才子，实则到处害人。这样责任心薄弱的坏习惯，必须改正才好。"[18]可见，只有树立起强烈的责任心修改自己和别人的文章，才不会嫌麻烦，不会怕困难，对别人给自己改文章，才会持欢迎态度。也只有这样，才会在反复的修改中提高质量。因此，教师要用古今中外著名作家的写作实践事例，讲述修改文章的重要性，让学生树立起修改文章的强烈责任心。

2. 明确目标，掌握标准

修改作文首先要明确修改的目标和掌握修改的标准。目标不明确，标准不掌握，那就会像"盲人过桥——乱打棍"，修改作文也就无从入手。所以，教师首先要让学生明确修改的范围，把握好作文修改的基本标准：一看是否跑题；二看有无中心，中心是否正确、清楚、突出，感情是否真实、健康；三看内容是否具体，详略是否得当；四看结构是否完整，过渡照应如何，层次是否清晰；五看语句是否通顺流畅，字词是否恰当；六看标点使用是否正确；七看书写格式是否规范；八看是否达到本次要求。

3. 教给符号，规范要求

教师除了在批改作文时使用规范的修改符号外，还应将这些修改符号教给学生，以形成学生自改作文的规范化。九年义务教育小学语文课本从第七册开始要求学生认识使用删、换、调等三种常用的修改符号，第八册又学习增添符号。教师要以这些修改符号来规范学生，不断强化、熟练运用，统一要求。训练时应先易后难，应先在课内训练，教师随机给予个别指导，重点帮助学习有困难的学生。当学生掌握了这些修改符号的运用后，再放手让他们在课后修改。

4. 教给步骤，掌握方法

这是培养学生修改作文能力的重要一环。教师要通过范改，教给学生以下的修改步骤：

（1）初读改词句。通过反复朗读自己的作文，以有声的语言支持思考活动，有利于发现文章的毛病。例如，作文读起来别别扭扭的，就可以认定是语句不通；要是读了好几遍还没有明白其意思的，就是语句颠倒错乱，或用词不当，含糊不清；至于读来读去对照文题总是不能留下深刻印象的，就可以判断：不是文章中心不突出，就是写得不具体。在找出毛病后，不妨想出两三个修改的方法，经过比较，进行有针对性的修改，直到改得满意为止。

（2）再读改结构。作文的结构问题，学生不易发现。可将作文读给别人听，征求别人的意见，然后作较大的改动。

（3）复读促提高。再次仔细朗读，听听其中还有什么毛病。自己觉得拗口的就增删几个字，能朗朗上口了，才算初步完成了修改任务。

（4）重抄查改。读一遍不如抄一遍。在抄写过程中要做到八看八查："一看题目、查中心；二看选材、查内容；三看剪裁、查详略；四看组材、查结构；五看表达、查语言；六看衔接、查过渡；七看句意、查标点；八看文面、查书写。"[19]然后根据存在的问题再修改。

（5）搁置后改。将修改过的文章放一段时间再重新修改，这样经过"冷处理"后，可以冷静地思考一些问题，可以将文章改得更好。修改好后，还可以把原稿和修改稿做对照，发现自己修改后的作文有何长进，总结经验，提高修改作文的水平和写作能力。教师要鼓励学生每次习作后都要按这样的步骤认真修改，以养成良好的习惯。

5. 形式多样，培养能力

学生的能力与习惯是在长期的训练基础上形成的。在学生掌握了修改符号的使用和作文修改的方法、步骤后，就要进行形式多样的作文修改训练。

（1）范例导改。范例导改，是针对某次作文训练的重点，举一两篇作文为实例，组织全班学生讨论修改。一次重点解决一个问题，既能提高表达能力，又能训练修改技能。也可以翻阅全班作文后，选择三篇（好、中、差各一篇），或对全文作精心、细致地批改，或结合本次训练重点，对作文的有关重点部分精批细改，然后将原文和批语印发给学生或抄在班上公布，从批改的内容到方法，都给学生示范，并让学生根据教师的批改展开讨论、修改，从中学会自改作文。记得在一次习作《我的同学》中，很多学生不注意段落之间的过渡。例如，有一名学生在作文的上段写某人学习怎样刻苦，下段又写他生活如何简朴，中间却没有承上启下的句子，使人读来感到突兀。针对这一情况，我就以该文为例，组织学生讨论，应加上什么句子或段落才能使文章上下段之间过渡自然，然后才自改作文。这样，学生就懂得如何在文章中做到承上启下、过渡自然了。

（2）师点自改。师点自改，是教师在批阅学生习作过程中，坚持只批不改，用改的符号来指点学生，让学生根据教师的点批意见，按要求自行修改习作。这样做，学生就掌握了修改文章的主动权，有利于能力的提高。例如，有一位学生写《游小桂林》，不是直接入题，而是用二百多字写了出发前的准备和一路上的见闻，影响了中心的表达。我在文章后写了这样的批语："小红，想一想，在该文中，你最想写的是什么景点？哪个景点给你的印象最深？你文章开头写了二百多字，里面的内容哪些与中心无关？请你认真分析，老师相信聪慧的你一定会改得很棒！"后来，这名学生只用了两句话就使文章一开头就扣住了中心。

（3）互评自改。互评自改，是指写作后，教师把学生的作文收来阅读一番，从中找出带有代表性的问题选择两三篇作为互评的样本，并将这些样本抄印给学生，让学生充分进行评议，然后各自修改，改后交小组交流，相互提意见，然后再各自修改。

（4）互评互改。互评互改，是指由两名学生或由甲、乙两班学生交换作文（也可以是片段、一组病句等）评改。学生互相评改，评得认真，评得仔细，能评出写作的兴趣。教师也可以将学生分成若干小组（要注意作文水平，使各组力量均衡），按作文训练要求，对组内学生的作文逐篇讨论，达成共识后写下批语再作修改。互评互改中，学生发言的机会大，大部分学生都能获得训练，更能确立学生在批改中的主体地位。这样做，既可以集思广益，又可以培养学生分析和修改作文的能力。例如，一名学生在《上学路上》一文中写道："小倩乘公共汽车到校。上车后，乘务员看她个头矮小，按小学生的标准，只收她五毛钱。这时，小倩不服气，声明自己已读初中了，主动交了一元钱。"在互改时，某学生就猜度当时的情景，对小倩的神态加以描绘："只见她脸陡地绯红起来，渐渐地红到了耳根。她迅速地环视了周围的乘客，又赶快地埋下了头。"这一改，惟妙惟肖地描写出她害羞又不甘示弱的神态。

（5）比较自改。比较自改，就是教师浏览全班学生作文后，从中找出好的典型或精彩片段（开头、结尾、心理描写、动作描写、神态描写等），贴上墙，或抄印给学生，向全班学生宣传介绍，然后发还各人作文，让大家自做比较，找出需要修改的地方，自己认真修改。这样做，既可以表扬了作者，又可以让学生认识到自己作文的不足，自觉把文章修改好，还使学生不但知其然，而且知其所以然。

（6）自批自改。自批自改，是指学生经过范例导改、互评互改、比较自改等批改训练后，在教师的指导下自己批改自己的作文。"教师应该让学生懂得：'我们自己改文章，也应该问问为什么要改，怎样改才合适。这个习惯也要

养成。'"[20] 开始时，可能有些学生不习惯，但经过实际锻炼并尝到甜头后，兴趣自然会增强。学生批改后，教师要查阅、总结批改情况。对认真进行并且改得好的，要表扬，可把文章张贴在"作文园地"上，还可以让他说说自己是怎样修改的；对敷衍了事的，要进行教育，并要求他继续修改，直到改好为止。

（7）教师复改。教师复改，是指学生自改作文后，教师对学生的作文进行轮流抽改，让学生体会自己的批改与教师批改有什么相同或不同之处，启发学生多思多想，引起修改作文的兴趣，提高修改技巧。例如，有名学生写《我的父亲》，第一稿中事情罗列过多，没有重点，通过我指出，他自改，我还是觉得语言不够精练，就在语句上为他再修改，并用批语让他在比较中明白教师为什么要这样改。

此外，学生自改作文的训练还应贯穿于作文的整个过程，如改提纲、改腹稿、作中改……

总之，通过各种形式组织学生进行自改作文的训练，外因通过内因而起作用，学生就会养成自觉修改文章的习惯，由厌改到乐改。久而久之，学生的写作兴趣就会自然高涨，作文水平将发生质的飞跃。

参考文献

［1］谢锡金，张瑞文.中学生中文科写作困难的研究［J］.上海教育，2001.

［2］郑细石.作文教学必须与学生实际接轨，教育改革论文汇编［M］.北京：伊犁人民出版社，2000：351.

［3］严咏梅.作文教学中的体会，教育改革论文汇编［M］.北京：伊犁人民出版社，2000.

［4］［5］［6］白金声.作文知识与小学作文教学［M］.长春：东北师范大学出版社，1999：137.

［7］朱伯石.写作与作文评改［M］.北京：高等教育出版社，1986：337.

［8］鲁迅.答北斗社杂志问［M］.鲁迅全集（第四卷：二心集），北京：人民文学出版社，1931.

［9］［12］［17］朱伯石.写作与作文评改［M］.北京：高等教育出版社，1986：338.

［10］［11］［18］朱伯石.写作与作文评改［M］.北京：高等教育出版社，1986：339.

［13］白金声.写作知识与小学作文教学［M］.长春：东北师范大学出版社，1999：147.

［14］中华人民共和国教育部.九年义务教育全日制小学语文教学大纲（试用修订版）［M］.北京：人民教育出版社，2000.

［15］曾惠琼.一次片断作文的教改实践与体会［J］.小学教学改革与实验.1996（7）.

［16］江帆.浅议在语文教学中怎样培养学生能力［M］.北京：伊犁人民出版社，2000：366.

［19］白金声.作文知识与小学作文教学［M］.长春：东北师范大学出版社，1999：151.

［20］叶圣陶.叶圣陶语文教育论文集［M］.北京：教育科学出版社，2015.

（此文部分内容发表于2009年第5期《肇庆教育研究》）

建设书香校园，培养阅读习惯

苏联教育家苏霍姆林斯基曾经说过："无限相信书籍的力量，是我的教育信仰的真谛之一。"中国教育学会副会长、苏州市副市长朱永新教授说过："一个人的精神发育史实质上就是一个人的阅读史；而一个民族的精神境界，在很大程度上取决于全民族的阅读水平。"原国务院总理温家宝在2009年世界读书日期间也说过："阅读决定着一个民族思维的深度与高度，对文化传承、国家发展有着很重要的意义，一个浅薄、浮躁的民族是无法强大和发展的。一个不读书的人，不读书的民族，是没有希望的。书籍是不能改变世界的，但读书可以改变人，人是可以改变世界的。读书可以给人智慧，可以使人勇敢，可以让人温暖。我愿意看到人们在坐地铁的时候能够手里拿上一本书，因为我一直认为，知识不仅给人力量，还给人安定，给人幸福。"李克强总理给北京三联韬奋书店全体员工回信时强调："读书不仅事关个人修为，国民的整体阅读水准，也会持久影响到整个社会的道德水平。"并希望该书店把24小时不打烊

美好人生从**良好习惯**的培养开始

书店打造成为城市的精神地标。在两会上，李克强总理在政府工作报告中均倡导全民阅读。我们也都知道：学校，首先意味着书籍。一所学校不可能什么都齐全，但如果没有为了人的全面发展和丰富精神生活而必备的书，或者大家不喜爱书籍，对书籍冷淡，那么就不能称其为学校。一所学校也可能缺少很多东西，可能在许多方面都很简陋贫乏，但只要有书，有能为我们敞开世界之窗的书，那么这就足以称得上是学校。对于阅读，《语文课程标准》指出："养成读书看报的习惯，收藏并与同学交流图书资料。""培养学生广泛的阅读兴趣，扩大阅读面，增加阅读量，提倡少做题，多读书，好读书，读好书，读书好，读整本书。"并明确要求：小学生整个小学阶段课外阅读总量不少于145万字，背诵优秀诗文160篇（段）。[1]由此可见，教育首先意味着读书。

联合国教科文组织把塞万提斯、莎士比亚和纳博科夫等世界著名作家出生或去世的4月23日作为"世界读书日"。世界各国也都把提倡阅读风气、提升阅读能力列为教育改革的重点，尤其是美国的布什政府更是在2003年要求国会拨款10亿美元以加强美国中小学的的阅读教学。以色列是个资源缺乏的小国，但在联合国《人类发展报告》中，它已名列"世界最具竞争力国家"的前20名。之所以如此，既得益于以色列政府重视发展教育，也得益于其公民热爱读书。据悉，以犹太人为主的以色列，14岁以上的人平均每月阅读一本书，人均读书量高居世界各国之首。相比之下，我国原本就少得可怜的人均购书量和阅读量还在日趋下降，情况令人担忧。据中国新闻出版研究院公布的"全国国民阅读调查报告"显示：2014年，我国成年人人均阅读纸质图书4.56本，与2013年的4.77本相比，略有减少。即使将纸质书与电子书相加，国人一年的人均阅读量也不到8本。"天津市教育科学研究院针对中小学生课外阅读进行的大型调查显示：8.2%的中小学生处于基本不读课外书的状态，而且年级越高，对课外阅读兴趣越低。小学生喜欢课外阅读的占45.5%，初中生只占27.7%，而高中生则只剩17.7%，直线下降。"[2]

而地处偏远的山区农村，人们的阅读现状更为严峻。因为经济落后，人们的文化程度不高。大部分学生生活在缺乏学习气氛，没有读书习惯也无书可读的家庭环境中。农村学校本身的读书状况也不容乐观，学生轻视读书，校园读书风气淡薄，学生课外阅读缺乏科学指导，几乎处于无组织状态。主要问题有以下几点：

1. 认识不足

"大量的课外阅读可以为学生提供良好的智力背景，促使其个性的健康发展。但是一些学生和家长，甚至部分非语文类教师由于长期以来受应试教育的影响，使得被誉为开启智慧之门的课外阅读受到了冷落，使得期待点燃智慧火花的学生竟然与读书之乐无缘。"[3]

2. 无书可读

目前市场上书价太高。由于经济条件的限制，很少农村家长会给学生买书。我在2007年、2015年分别对罗董镇中心小学五年级学生和杏花镇中心小学六年级学生的调查中发现，家长能给学生买书的不足10%，而且大多数给学生买的书仅以作文参考书为主，家里有四大名著的学生不到5%。就算是学校图书室里的图书（有的农村学校还没有图书室，就拿我们镇来说，15个分教点中只有3个图书室，并且是近年才建起来的），学生在阅读内容的选择上也有"偏食"现象。他们对少儿通俗读物普遍感兴趣，其次是卡通类，而对经典文学、政治和生活类书籍表现冷淡，对教辅资料普遍不喜欢。这对学生的全面发展是很不利的。

3. 无时间读书

从现状来看，目前的农村小学生，课程安排也是比较紧张，在校时间自习课也很少，学习任务被安排得满满当当。哪怕是双休日，也有一大堆的作业要完成，想要抽出比较充裕的时间进行课外阅读，确非容易。中午、晚上回家的时间，但又被大量家务活、电视、写作业占去了大部分。

4. 无兴趣读书

在现代传媒高度发达的今天，在影视文化的冲击下，书上的文字远不如连续剧、动画片、网络游戏吸引人，学生的阅读兴趣不高。

5. 阅读方式单一

调查发现，很少学生会精读，而大部分的学生习惯于粗读，对经典名著绝大部分学生采取一目三行式的跳着读，极少进行佳词妙句摘抄，更少写读书笔记，由于阅读方式不科学，缺乏教师的指导和评价，因而读书效果不佳。

鉴于此，提倡读书，鼓励读书，建设书香社会、书香校园已成为当务之急。作为育人的学校，尤其是农村小学更应做到书香育人，把建设书香校园，从小培养学生的读书习惯作为自己不可推卸的责任。因此，我近几年把"书香育人，为学生的健康成长奠基"作为自己的教育理念，大力开展书香校园的建设活动，努力培养学生的阅读习惯。

在读书节启动仪式上倡导读书

什么是书香校园呢？朱永新教授这样定义："通过创设浓郁的读书环境与氛围，推荐优秀的阅读书目，开展形式多样的阅读活动，培养师生强烈的阅读兴趣和阅读习惯，使阅读成为伴随人终身的生活方式，从而为建设书香社会奠定基础。"

那么，农村小学如何去建设书香校园呢？这是一些教育工作者苦心钻研的一大课题。他们为之进行了不懈的探索，并取得了有一定影响的研究成果。在此，我结合近几年在罗董镇中心小学的探索实践，提出几点建议，以起抛砖引玉之作用。

一、营造氛围，让书香满校园

读书需要氛围，也需要榜样，这样才能有利于促进书香校园的建设。

1. 打造书香文化，营造阅读氛围

校园文化是一所学校的灵魂，是一所学校赖以生存和发展的根基，也是一所学校可持续发展的精神动力。一所真正优秀的学校必然是一个文化土壤丰厚的学校，它能以自己多年积淀起来的独特的文化激励人、感染人、培养人，而在这样的文化土壤中成长起来的学生必然是一朵芬芳着浓郁文化气息的奇葩。由此可见，建设书香校园首先要打造校园书香文化，力求做到"让每一面墙壁会说话，让每一个角落会育人"，让学生一进入校园就浸润在一种浓郁的书香

气息之中。因此，可在校园显眼地方张贴横幅标语，如"建设书香校园，构筑读书人生""点燃读书激情，共享阅读快乐"；在教室四壁张贴有关读书的名言警句，如"书犹药也，善读可以医愚""书籍是人类进步的阶梯"等，让这些名言警句走进学生的心灵。其次是让学生努力打造课桌文化，选取自己最崇拜的有关读书的座右铭贴于课桌，如"读书破万卷，下笔如有神""熟读唐诗三百首，不会作诗也能吟"等，让其开启学生的心智，以此来感染学生，明白读书的作用，培养读书兴趣。此外，还可利用板报等形式宣传名人读书的方法、故事、趣闻，在教室的墙壁设置作品栏，经常展出学生摘录的笔记、剪报、读后感和手抄报等作品……让学生驻足校园，耳濡目染皆是浓浓的书香气息。

2. 教师带头阅读，实现师生共进

能否把每一名学生都领进书籍的海洋，培养对书籍的热爱，使书籍成为他们成长道路上的一盏明灯，这都取决于教师，取决于书籍在教师本人精神生活中的地位。因为学生读书的兴趣和水平直接受教师的影响。教师读书不仅是学生读书的前提，而且是整个教育的前提。因此，学校要引导教师多读书、读好书，尤其要求教师读好四类书：读经典名著，增文化底蕴；读教学专著，强教学实践；读教育理论，悟学生心理；读报纸杂志，知天下大事，从而形成"学习、思考、教学、提高"的良性循环。此外，还可通过开展师生共读一本书，同诵一篇文，齐背一首诗，以及师生读书交流等活动，促进师生共同成长。

二、充实资源，让学生有书读

为了让学生有更多的读书机会，学校要加大经费投入，解决图书室的图书数量少、内容单一或老化的问题。有条件的建设好校园网，丰富学生的阅读内容。甚至在校园里、过道上设置开放性书架、读报橱窗，在教室设置图书角，动员学生把自己喜爱的有益读物存放到班级的图书角里，让大家一有空闲便相互传阅、仔细阅读，这样就保证了学生有足够的材料和时间来进行阅读。

三、推荐指导，让学生读好书

知识的海洋对于学生有着极大的诱惑力。宇宙的奥秘，历史的神奇，童话的有趣……都会引起他们强烈的求知欲。但由于图书市场质量良莠不齐，加之学生的知识水平和鉴赏能力毕竟有限，许多学生在选购读物时，往往会被一些容易产生副作用的读物所吸引，很难正确找出适合他们知识水平和阅读能力

的课外读物。因此，我们要结合语文阅读教材，根据学生的年龄特征，有计划地帮助学生选择适合他们阅读水平，对于他们身心发展具有积极作用的课外读物。在推荐课外读物时，一般来讲：小学低、中年级以童话、神话、寓言、民间故事为主，而高年级学生除故事外，还对传记、传奇、惊险小说等感兴趣。此外，还要考虑到以下几方面：

1. 选择的读物在内容上要与学生的生活密切相关

一些科普读物和报纸杂志：《中国少年大百科全书》《十万个为什么》《中国少年报》《少年科学》《儿童文学》《小学生作文指导》《上下五千年》等。

2. 选择的读物要与学生的精神世界息息相关，有利于学生身心发展

歌颂人类勤奋、善良、坚毅、进取、崇高人格方面的读物。根据小学生的文化基础、年龄特点和认知水平，教师可以向他们推荐《雷锋的故事》《十大元帅传记》《居里夫人传》《少年英雄赖宁》等书籍。

四、教给方法，让学生会读书

阅读方法直接影响阅读质量。要有效地开展课外阅读，就必须加强课外阅读的指导。教师要在日常的课堂教学中，结合教材的特点和重点训练项目的要求，教给学生阅读的方法。教师还要指导学生根据需求如何合理运用朗读、默读、速读、精读、泛读、背诵等方法阅读课外读物，逐步让学生学会读书，提高课外阅读的质量，不断促进知识与方法的迁移，使课内外互相补充、相得益彰。此外，还要指导学生在阅读过程中根据自己的需要将文章中富有教育意义的警句格言、精彩生动的词句、段落摘抄下来，或对阅读的重点、难点部分画记号、做注释写批语，写读书笔记和读后感等，做好知识积累。养成"不动笔墨不读书"的良好习惯。

五、减轻负担，让学生能读书

为了保证学生有足够的时间读书，教师要转变观念，把育人的眼光放长远些，树立"变聪明的办法不是补课，增加作业，而是阅读、阅读、再阅读"（苏霍姆林斯基）的思想，优化课堂教学，向课堂要质量，严格控制各科作业量，切忌题海战术。真正把课外阅读的时间还给学生，让他们能放心、愉快地阅读。学校、家长和社区要密切配合，为学生的课外阅读创造有利条件，使他们养成自觉阅读的习惯，让课余时间真正成为学生遨游书海的时空。

六、培养兴趣，让学生乐读书

孔子说："知之者不如好之者，好之者不如乐之者。"可见，兴趣是最好的教师，是学习的先导，是需求的动力。学生只有读自己喜欢的书，他们才会对课外阅读产生兴趣，才会在阅读中获得丰富的体验，才会使阅读成为一种真正的智慧活动，才能从内心深处对课外阅读产生主动需要，才会将教师的"要我读"转化为自主寻求的"我要读"，才会努力寻求阅读机会，并以自主、能动的心态投入课外阅读，快乐地接受自己想要学习的知识。

1. 课内外相结合，激发读书热情

课外阅读应成为课堂教学的延伸。作为语文教师，要有意识、系统地课内外结合，扩展学生的课外阅读量。因此，推荐阅读的内容和形式，尽可能和课内阅读取得某种程度的联系，使课内外阅读得以相互促进。课前课后可布置学生查阅与课文内容相关的资料，学生在查阅资料的过程中开阔了视野，培养了搜集、整理信息的能力，也扩大了阅读量。如：讲《只有一个地球》前，布置学生搜集地球的知识，课后布置学生查找环保知识；教学完《卖火柴的小女孩》后，让学生读《皇帝的新装》《安徒生童话》《伊索寓言》；结合《美猴王出世》《武松打虎》《草船借箭》的教学，教师可介绍《西游记》《水浒传》《三国演义》中部分精彩内容。这样，学生就会被兴趣推动，纷纷找书阅读，在读中去感受名著的魅力和灿烂文化的艺术所在，课内阅读与课外阅读互相补充，学生课外阅读的兴趣自然也被激发起来了。

经典诗文诵读比赛

2. 举办阅读活动，共享读书之乐

小学生毕竟年龄小，兴趣不稳定。为使学生对课外阅读爱不释手，并逐渐养成良好的阅读习惯，我们要开展丰富多彩的读书活动，让他们有机会展示课外阅读的成果，获得成功的喜悦。如：开展"两读一背"（晨读30分钟、午读20分钟、课前3分钟背诵经典诗词）活动；利用早读课、班会课开展"故事会""诗文朗诵比赛""读书心得演讲比赛""课外知识练习""百科知识竞赛""名人格言交流会""经典品读"；每周评比读书之星，每月评比"书香班级"，定期举办"阅读节活动"；举行以"我读书，我快乐"为主题的手抄报比赛，办好"我在书香校园中成长"宣传板报和读书成果展览（以年级为单位，把手抄报、读书日记、学生优秀习作、读后感、亲子读书记录卡、学生制作的名言、书签等通过展板形式在学校大堂展出）等。通过开展这些以激励课外阅读为内容的活动，以活动促阅读，在实践中学会阅读，让学生在活动中体验读书的成功喜悦，从而调动学生课外阅读的积极性，提高学生对语言文字的鉴赏能力。

封开电视台采访报道罗董镇中心小学读书活动

总之，农村小学要通过各种形式建设书香校园，外因通过内因而起作用，学生就会养成自觉阅读的习惯，由厌读到乐读。久而久之，学生的阅读兴趣自然就会高涨，浓浓的书香将会溢满校园。2011年，罗董镇中心小学被评为"广东省朝阳读书活动先进集体"。2013年7月，封开电视台《中国梦·封开梦——封开正能量》栏目报道了罗董镇中心小学开展的"读一本好书"等活动。2014年，罗董镇中心小学被教育部、人力资源和社会保障部评为"全国教育系统先进集体"。

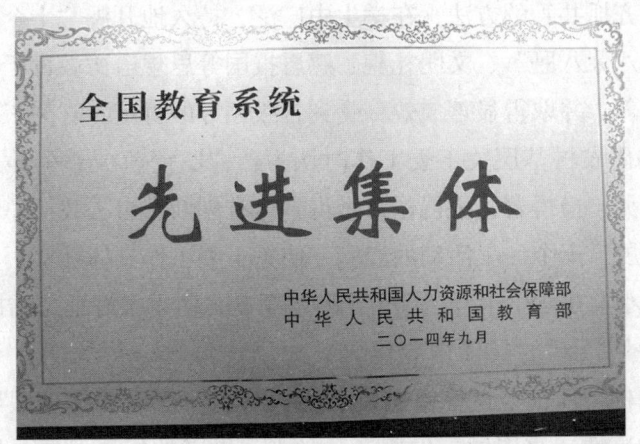

全国教育系统先进集体牌匾

参考文献

[1] 中华人民共和国教育部.全日制义务教育语文课程标准（实验稿）[M].北京：北京师范大学出版社，2001.

[2] 蒲荔子.该给孩子选一套什么样的书？[M].广州：南方日报出版社，2009.

[3] 衡锋.小学高年级课外阅读现状的调查与思考[J].学知报，2017（679）.

（此文部分内容发表于2016年总第112期《学校品牌管理》）

知行统一、三教结合
——扎实开展"十个一"活动全面提升学生素养的体会

我们封开县罗董镇中心小学在校学生2149人，其中校本部有26个教学班，1441名学生，65名教职工。从2007年起，在市、县、镇关工委和教育局的指导下，我们探索知行统一即理论与实践相统一，通过三教结合即学校、家庭、社会教育相结合、齐抓共管的方法，在学生中广泛、持久地开展"十个一"活动，寓革命传统、"八荣八耻"、文明礼貌、感恩报国等思想道德教育于活动之中，全面提升学生素养，并取得显著成效，受到各级领导的肯定。省关工委副主任曾东汉到罗董镇调研农村基层关工委工作时认为："罗董镇中心小学开展的'十个一'活动看得见，摸得着，记得住，做得到，有创新。过去我们总结了江门市在'五老'中开展'十个一'活动的经验，使关工委工作具体扎实、生动活泼。现在罗董镇中心小学在学生中开展'十个一'活动，值得很好地总结推广。"

"十个一"活动的具体内容每天、每周、每月、每学期有不同的要求，即：每天做一件力所能及的家务劳动；每天进行一小时的体育锻炼；每周做一件家长满意的事情；每周做一件尊老、爱老、助老的好事；每月读一本好书；每月看一部爱国主义影视片；每学期给学校或社区（村）写一份合理化建议；每学期给教师、家长写一封感恩的信；每学期写一篇"知荣明耻，诚实守信"的心得体会；每学期制订或修订一份"新三好"（在家做个好孩子、在校做个好学生、在社会做个好公民）计划（后四项活动主要在中高年级开展）。

如何深入、扎实、有效地开展"十个一"活动呢？

一、发挥学校主体作用，把"十个一"活动纳入学校教育的全过程

（1）成立了以学校校长植校东为组长、学校关工小组主要领导、法制副校长为副组长，德育处主任、少先队大队辅导员和各班主任为组员的"十个一"活动领导小组，并与镇派出所、司法所、交警中队、社区村委的同志组成思想教育网络，制定切实可行的计划和日程安排表，每个"一"活动安排教师专门负责，全面开展"十个一"活动。

肇庆市中小学生思想道德建设现场会

（2）加强教师队伍建设。组织教师人员学习《未成年人保护法》《教育法》等法律法规和"十个一"活动工作方案，深刻认识开展"十个一"活动工作的重要性，不断提高教师工作的责任感和教育素质。

（3）把"十个一"活动贯穿德育各项工作。根据《小学德育纲要》的要求，针对不同年级学生的认识特点，分层次确定各年级的德育内容，制订《文明班评比条件》《文明宿舍评比条件》《三好学生、校园之星评比条件》等制度，对学生的日常行为进行量化管理。每月结合《小学生守则》《小学生日常行为规范》的相关规定，进行德育量化考核，使学生学有榜样。

（4）围绕"十个一"活动开展形式多样的活动。如开支9.6万元购置一批新书，开展"书香校园"活动，举行读书心得演讲比赛、读后感征文比赛、手抄报评比、快乐阅读交流会等；邀请县电影公司放映队到校放映《狼牙山五壮士》《地道战》《血性山谷》《大决战》等革命历史影片；结合班级实际进行社会调查，为学校、社区的建设提出可行性建议。2007年，学校举办《我为学校发展献计策》征文活动，学生踊跃参加，收到了38条有建设性的意见及建议。学校对收集起来的建设性建议进行分类，可行的马上实施，使学生有主人翁的荣誉感；利用重阳节、植树节、国际禁毒日等重大节日分别组织开展敬老慰问活动、植树活动、"珍惜生命、拒绝毒品"宣传活动等；结合《小学生日常行为规范》，要求学生给自己订一个行为准则，每天对照准则待人处事，学生精神面貌焕然一新。

二、动员家长进行督导，鼓励学生参加"十个一"活动

（1）家庭教育在培养青少年一代的系统工程中具有启蒙性、基础性和延续性的特点，是教育培养学生的重要环节。良好的学校教育是建立在良好的家庭教育基础上的，"问题学生"的产生，大多数是由于家庭教育的缺失造成的，所以家庭教育是联结学校教育与社区教育的链条，是巩固学校教育与社区教育成果的关键。因此，我们在开展"十个一"教育活动工作中，始终坚持把家庭督促、引导、教育作为一个切入点，切实抓好。一是办好家长学校，开展"家庭教育大家谈""父母怎样与孩子沟通""致'十个一'活动家长一封信"等，普及家庭教育知识，交流家庭教育经验，宣传"十个一"思想教育内容、具体开展的方法，让家长结合学生情况合理安排和组织每个"一"活动。同时聘请有成功教育经验的家长到学校上课，组织家长和学生不定期开展"十个

一"互动式、多样化的教育活动,要求家长和学生一起参加,通过现场的提问和游戏,使家长和学生互相体验对方的感受,促使家长从中领悟教育的方法。

(2)召开学生家长会议,做好"千师访万家"工作,向家长通报学生在校的情况,并了解学生在家的表现,倾听家长的呼声。

(3)设立学校与家长、学校与社区(村)联系卡,开通校讯通和设立家长接待日,加强学校与家长沟通联系,切实提高家庭教育的质量,促进"十个一"活动的开展。

三、依靠社会各方力量,为"十个一"活动提供广阔的舞台

接受电视台采访

环境影响人,环境塑造人。组织依靠社会各方力量,营造良好的育人环境,是新时期加强和改进青少年思想道德教育工作的重要举措。"十个一"活动实践的内容广泛,涉及社会各方面。因此,我们积极主动地争取镇委镇政府的大力支持,从而协调社会各方面力量,充分整合社会资源,配合学校教育,拓宽社会教育渠道,提供活动的广阔舞台。

(1)整合社会力量,为学生创造良好的成长文化环境。校本部学生人数激增,住宿生也由原来的10多人增加到200多人。由于学校离街道较近,发现了学生进入网吧和社会青年到学校闹事现象。于是,我们将情况向镇委镇政府汇报,他们马上组织学校、派出所、社区等部门联合加强对网吧的管理和学校周边地区的治安巡查、轮流值班,一旦发现学生进入网吧或社会青年到学校闹事,立即对其进行教育。与此同时,充分发挥退休老干部的作用。孔宪溪是中

心小学退休的老校长，非常关心学生的学习生活。当听到学校和社区干部反映有部分学生进入网吧的情况之后，他天天走街串巷，明察暗访，发现有学生进入网吧，立即进行教育，并对网吧老板明确职责和要求。从此，学生进入网吧的现象逐渐杜绝了，有效地净化了育人环境。

（2）依托社区（村），争取他们配合做好"十个一"活动，共同抓好学生的思想道德建设。如罗董社区在寒暑假播放中国革命史、先进人物事迹录像，讲述革命故事；对学习较差的学生，请教师辅导等；对"问题学生"，耐心帮扶教育。三年级的植灿升，家长都外出打工，成了留守儿童，经常出入网吧，是班里有名的"顽皮生""问题学生"，教师多次教育，仍不改正。后经老校长孔宪溪、班主任黎立朝一起上门家访，与植灿升促膝谈心，慢慢地感化了他，转化了思想，不再进入网吧和打架闹事。近年来，通过社区（村）干部与学校的联动参与做思想工作，有17名"问题学生"转化了思想，受到了家长的好评。

（3）依靠社会力量，资助贫困学生。在镇委镇政府的支持下，学校、社区（村）积极开展扶贫助学活动，如罗董同乡联谊会设立教育助学基金，每年都捐资扶持10名品学兼优的贫困学生和孤儿读书，解决学习中的困难。至今，已扶持贫困学生和孤儿共58人，共扶助资金15238元。学生的学习困难得到帮助，参加"十个一"活动的热情更加高涨。

（4）邀请镇司法所、派出所、交警中队等单位到学校开展多种形式的法律知识讲座和交通安全知识讲座，不断提高学生的法制观念和安全意识；邀请本镇在华南师范大学等在校大学生和已经毕业工作的大学生，利用暑寒假回校对学生进行知识与技能、理想与前途、工作与生活的现身教育，激励学生好好学习，争优创先，促进学生身心的健康成长。

"十个一"活动扎实有效地开展，培养了学生高尚的文明情操和良好的行为习惯，促进了校风、班风和学风建设，提升了教学质量和学生素养。

学生树立了读书报国的理想。通过"读一本好书"活动，学生从书本中汲取知识和力量，用知识之光照亮人生征程，认真读书，读书成才，成长报国，全校到处书声琅琅，书香浓浓。明剑航同学读了一批生物科学书籍后，立志说："长大后要做一名自然科学家，为祖国、为人民探索生物科学的秘密。"学生观看了《狼牙山五壮士》《大决战》等革命历史影片后，深刻地认识到今天幸福生活来之不易，要好好珍惜，纷纷向班主任递交了观后感，表达了爱国

之情和报国之志。

学生增强了社会责任感。"十个一"活动促使学生关心身边事,把个人融入社会。2007年,黎康婷等同学建议学校改善学校厕所的卫生条件。学校立即采纳了这一建议,增设了水龙头,砌好储水池,落实定期检查制度,厕所的卫生焕然一新。还有一名学生建议社区(村)建一个垃圾池,村委立即采纳。近几年,学生向学校、社区(村)共提了上百条合理可行的建议,多数都被采纳,使学生有主人翁的荣誉感,积极参加社会公益活动,关心国家大事。师生先后为汶川灾区捐款75511.6元,为云南灾区捐款1837元,为玉树地震灾区捐款8461.7元,为贫困学生捐款14964.2元。

学生养成了助人为乐的精神。学生积极参与敬老助老活动,利用节假日到镇敬老院帮助打扫卫生,慰问老人。近年,参加敬老爱老活动的学生有3000多人次,送去慰问金3250多元。有天上午,天寒地冻,天雨路滑。一位老人赶集回家,手提着很重的东西,行走艰难。五(1)班的杨洋和袁青梅同学见状,一人帮他拿东西,一人扶着他行走,一直把老人安全送到家,还主动帮老人打扫了房屋的卫生,老人非常感动。学生之间互帮互助的事例也屡见不鲜。六(6)班卢结枝同学,2009年家中发生火灾,所有物品被烧光,奶奶不幸葬身火海,只剩下比她大3岁的姐姐和她相依为命。学生知道这一情况,主动捐款,师生共捐了3395.9元,帮她渡过了难关。卢结枝同学很感动,向学校写了感恩信。

学生养成了热爱劳动的习惯。四(1)班的叶家伟同学,原来在家是饭来张口,衣来伸手的"小皇帝",而且不讲卫生,到学校住宿初期不叠被子,衣服、餐具乱放。经过"十个一"活动后,他改变了这种不良行为,还被选为舍长。许多学生回到家里主动帮助家长做力所能及的家务,逐步养成了热爱劳动的习惯。

学校的环境面貌得以改观。广大学生积极为学校的美化、绿化、净化献策出力,爱护学校一草一木。家里有适合学校美化的花草,拿回学校种;学校的草坪干旱,有学生主动浇水;学校公共场地卫生,有学生主动打扫,校园变得越来越美丽、优雅。

总之,开展"十个一"活动4年来,取得了显著成果。全校学生操行评定合格率100%,优秀率达85%,后进生转化率达95%;在各级各类学科竞赛中,有170多人次获得县、市、省、国家级奖励。学校先后被评为"封开县警民共建交通安全学校""封开县校园三化建设先进单位""封开县教学教研先进单位""封开县教育教学管理一等奖""肇庆市手拉手助残先进单位""肇庆市教书育人先进集体""肇庆市廉政文化建设示范学校""全国优秀实验学校"。植校东校长连续三年被中央教科所评为"全国优秀实验学校校长""广东省特级教师",有8名教师被评为"全国优秀实验教师"。去年底,封开县教育局在我校召开了现场经验交流会,将"十个一"活动向全县逐步推开。我校"十个一"活动的经验并于今年4月在全省关心下一代工作经验交流现场会上交流。

(此文为2011年肇庆市中小学生思想道德建设现场会发言材料)

参考文献

[1] 肖恩·柯维.杰出青少年的七个习惯[M].陈允明,王建华,葛学蕾,等译.北京:中国青年出版社,2016.

[2] 叶圣陶.叶圣陶集第12卷[M].南京:江苏教育出版社,2004.

[3] 金泉.好习惯好人生[M].北京:中国华侨出版社,2009.

[4] 孙云晓.好习惯成就好人生[M].南京:江苏凤凰教育出版社,2016.

[5] 孙云晓.习惯决定孩子一生[M].北京:北京师范大学出版社,2013.

[6] 张振鹏.影响孩子一生的100个好习惯[M].北京:金盾出版社,2010.

[7] 贾梦雨.莫让少儿读物"少儿不宜"[N].新华日报,2013-09-17.

[8] 中国公民出境旅游文明行为指南[N].人民日报,2006-10-01.

[9] 中央文明办,国家旅游局.中国公民国内旅游文明行为公约[N].人民日报,2006-10-02.

[10] 汪基德.国家中长期教育改革和发展规划纲要(2010-2020年)[N].电化教育研究,2010-05-05.

[11] 傅国亮."三教"结合家庭教育体现大教育观利于培养孩子[N]中国广播网,2010-10-26.

[12] 木紫.小学生学习习惯关键培养[M].北京:中国妇女出版社,2017.

[13] 中共中央国务院关于进一步加强和改进未成年人思想道德建设的若干意见[N].中共中央国务院,2004-2-26.

[14] 中共中央关于深化文化体制改革、推动社会主义文化大发展大繁荣若干重大问题的决定[N].人民日报,2011-10-18.

[15] 教育部.中小学生守则[N].中国经济网,2015-08-20.

[16] 林伟.奋斗新时代道德的功课要做足[N].人民网,中国共产党新闻网,2018.

[17] 中小学生德育工作指南[N].中华人民共和国教育部,2017-08-17.

［18］植校东.仁里教育的探索与实践［J］.未来英才，2017（6）.

［19］植校东.知行统一、三教结合，培养农村小学生良好习惯［J］.课程教育研究，2018（14）.

［20］植校东.新形势下农村小学德育教育有效性研究——以杏花镇中心小学仁里教育为例［M］.哈尔滨：黑龙江教育出版社，2018.